*Rich*致富 305

淘寶爆款操作聖經

選品、上架、優化、維護，三週打造
熱門商品，創造超人氣交易量與免費流量

老A電商學院◎主編
吳元軾◎編著

高寶書版集團

學習電商的方法

目前最熱門的行業莫過於電商行業，太多的人希望進入這個行業，希望成為電商專家。問題就來了，這個行業發展了十年，現在學習是否為時已晚？對此，我們先來聊聊什麼時候做電商最好。

無論是個人還是企業，進入電商有兩個最佳時間：第一個最佳時間是在 2003 年，淘寶剛成立，ebay 也是初具雛形，那時候願意自己摸索、試探一下，很快就能成為專家，若能堅持到現在不死，一年幾個億的銷售是最少的。第二個最佳時間，就是現在，是的，就是現在。這個現在，不是指這本書出版的時候，也不是指我寫這篇文章的時候，而是你意識到這個問題的時候。既然想學，馬上開始，不要猶豫；既然想做，馬上開始，不要猶豫，目前只有 10% 的企業真正開始做電商，還有 90% 的企業在摸索在觀望，由此可見，未來五年，電商還會是發展迅速的行業！

如果你多留意一點，你會發現很多人在討論：「做電商到底賺不賺錢？聽說 90% 的賣家都不賺錢。」我之前單獨寫過一篇文章，估計了一下目前淘寶上大約有 92.5 萬的賣家是賺錢的，這個數字應該比較接近實際了。但還是有大部分的賣家不賺錢，為什麼？要理解這個問題，需要瞭解一下電商的變遷。其實從 2000 年開始就有人在網上購物了，那時候有 8848，只是支付、物流都很不成熟，導致電商發展很慢。後來隨著基礎設施的投入，網購的人群越來越多。

人們最開始網購，最主要的需求是便宜。網上買東西，要比線下便宜很多，到現在，這個觀念已經根深蒂固了。現在也有一些商家利用這個特點，線下店只做展示，價格標得很高，然後吸引顧客到線上去買。網購發展到後來，出現了另外一批人，他們太忙，沒時間逛街，沒時間購物，交通堵塞也是原因之一，這群人喜歡網購，便宜一點貴一點已經不重要了。

這部分人群的比例會越來越大。一部分是因為便宜，一部分是因為便利，還有一部分是因為品質。用戶的需求在不斷發生變化，賣家的思維也應該隨之發生變化。

從 2003 年到 2007 年，這個期間電商每年以 100% 的速度增長，屬於賣貨時代，只要你有貨，放到網上基本上就能賣出去。當時很多賣家都是兼職的，還包括一些殘疾人，他們也可以在淘寶上開個店，賣點手工用品，每月能賺個幾千塊；從 2008 年到 2011 年，這屬於直通車時代，只要你敢投入廣告費用，你就可以賺錢，一個點擊才 1 毛錢，甚至幾分錢，ROI 能到 10 元以上，不賺錢都不好意思說；從 2012 年到現在，做電商的要求越來越高，需要賣家更加專業！數據、搜索、營運、直通車、設計、客服等各個環節都需要專業。

很多賣家不賺錢，就是因為思維還跟不上，不理解買家的需求變化，自己的專業能力也跟不上。大部分的賣家只會做三件事：降價促銷、花錢買廣告、刷單提排名。賣家要想賺錢，必須要讓自己更加專業。這套書，就是教你如何從入門到專業的。看書就能成為專業的電商專家？那是胡說。如果真的看書就能成為電商專家，所有人都不用考大學了，把清華北大的教材拿過來看看就是大學生了。但看書可以縮短你自己摸索的時間，告訴你方向，以及讓你瞭解大家通用的做事方式。

互聯網發展很快，電商是基於互聯網的一個業務，同樣發展很快。要想讓自己更加專業，主動的學習是最好的方式。我認為電商的學習，分成三個方面：第一是實踐，必須自己實踐。別人講得再容易再難，都不如自己試試來得體會深刻。第二是交流，找同行交流，找高手交流，進入相應的圈子。第三就是閱讀，閱讀包括系統性地看書，還需要閱讀網路帖子和文章。閱讀可以幫助你瞭解基礎，瞭解整體框架，也可以瞭解最新的動態。

每個人的悟性不一樣，背景不一樣，學習的進度快慢也不一樣。不過據專業調查，真正的專業人士和非專業人士在專業方面的差別，只相差半年。也就是說，只要你找到正確的方法，你願意花半年時間認真踏實地學習，就可以成為專業人士。這個觀點最開始看，覺得不可能，但你認真思考，其實是有道理的。回想你現在掌握的每一項技能，有那麼神祕嗎？只

要有合適的環境，真正學習半年肯定都能學會。但為什麼那麼多電商人並不專業呢？我覺得最大的問題，在於心態。一方面把電商想得太難，另一方面不肯靜下心來學習，總想找捷徑。

我遇到太多的人，都在問我如何讓搜索排名到前三位，如何讓微信粉絲快速增長，如何讓店鋪快速打造爆款。所有問這些問題的人，都是想找捷徑的人。他們每年都在問這些問題，問了很多專家高手，參加了很多培訓班，一年又一年過去了，還在問這些問題。時間浪費了，但從來沒有得到過準確的答案。到底有沒有捷徑？我覺得有，捷徑就是不要去找捷徑。這種向外求的方式，不如向內求，求人不如求己。每個人的行業不一樣，產品不一樣，自身優勢不一樣，自己這一道關卡是怎麼也躲不過的，必須要自己走。

所以，如果你能擺正心態，花半年時間，一邊看書，一邊實踐，一邊交流，我相信你一定能成為一名電商專家。

是為序。

前淘寶大數據搜索領軍人　鬼腳七

序言二

以消費者為中心的第三代電商

近年來，中國的電子商務正在蓬勃快速地發展，截至 2013 年底，全國整體電子商務的市場規模已經突破 10 萬億元，其中 B2C 市場交易規模突破 1.3 萬億元。根據國家電子商務「十二五」規劃，預計 2015 年整個電子商務規模有望突破 18 萬億元，其中包括網路購物 B2C 和 C2C 突破 3 萬億元，整體市場的擴張及可觀的數據讓我們相信未來電子商務的前景和空間仍舊非常廣闊。

近兩年，我走訪了全國很多的城市地區，南至湛江北到吉林，考察拜訪了各地的電商企業、傳統企業、商會、協會以及政府。愈來愈多的企業從線下走到了線上，面對全國上下如火如荼進行著的電子商務熱潮，仍然有很大一部分的傳統企業沒有選擇做電商。2014 年淘寶「雙十一」24 小時創 571 億元交易總額的紀錄及阿里巴巴的上市，讓企業家既看到電子商務帶來的機遇，也備感壓力。他們並非不知道電子商務的重要性，也並非不想做，而是對如何開展電子商務並良好營運存在眾多困惑。分析他們存在的疑慮與困惑，綜合來看主要體現在下述三大方面。

1. 企業老闆自身不懂電商：縱使電子商務市場發展十年有餘，但對以傳統實業發展為主的大部分企業家來說，電商領域依然陌生。對於一個自己不瞭解的領域，老闆甘願冒險的概率可想而知。

2. 缺乏人才，沒有專業的團隊：現在有一些傳統企業的老闆也會去積極參加電商總裁培訓班的學習，但是學完之後，卻面臨另一個問題─企業內部沒有能夠執行的人才。老闆獨立負責店鋪的營運不切實際，現實卻又擺在眼前，電商行業的人才泡沫現象非常嚴重，真正好的營運人才很稀缺，尤其還要懂數據的就更是鳳毛麟角。

3. **團隊的培育、管理及穩定性存在問題**：電子商務發展的時間較短，行業的人才積澱和培養機制尚未完成，現階段電商人才主要集中在 85 後和 90 後，對這批年輕人的培育和管理本身就存在很大問題，人才的流失也就不可避免。人才的稀缺衍生出另一個景象就是人才競爭日益激烈，員工普遍對雇主無法產生強烈的歸屬感，利益為主要驅動力。相反，一個成績斐然的團隊定然令企業趨之若鶩。何況傳統企業多聚集在產業帶，也許前一天還在你的公司裡創造業績的電商團隊，第二天就已經坐在隔壁競爭對手的辦公桌前。

跨界經營、人才儲備、團隊建設，橫跨在傳統企業面前的三大難題讓眾多企業老闆的電商之路舉步維艱。老 A 電商學院作為中國電子商務協會網商精英創新與扶持推進中心的指定電商服務機構，致力於為從事電商行業的企業或個人提供全崗位培訓、精準流量、電商人才輸送、精品貨源等各項精準服務，是業內公認的電商金牌培訓品牌，短短兩年時間就發展成為行業的領軍者，幫助數十萬的電商賣家學會電商數據化營運，其中大量學員更是成為所在類目排名的前 100、前 50。為什麼懂得數據化營運如此重要呢？

我們這樣定義三代電商：第一代，以供貨生產為中心，純賣貨、沒技術；第二代，以推廣流量為中心，刷單、直通車、鑽石展位、報活動，不算利潤，虧錢賺吆喝；第三代，以消費者為中心，看懂數據，瞭解買家，不看銷量看利潤，通過社會化媒體與買家對話。

第一代電商是純賣貨的年代，那個時候的淘寶很少人在做，貨不多，商家不多，只要有一個概念，上傳一個寶貝就可以賣得不錯，但那個年代早已成為過去。市場進入到第二個年代「廣告為王」的年代，商家不注重商品品質，無所謂價格、利潤，純粹通過各種手段，僅僅是希望登上廣告頭條，這種做法導致現在電商的價格競爭日趨白熱化，實際結果是大部分的電商都陷入了價格戰，虧錢賺吆喝。第三代電商強調以消費者為中心，迎合電商的發展趨勢去做。

大家是否聽過一句諺語，「站在風口上什麼都飛得起來」。為什麼？因為風大，更可況還是站在風口上。做任何商業我認為瞭解趨勢很有必要，

首先你需要瞭解的是未來三年內我們的消費者會站在什麼地方等，而不是去創造消費者，因為消費者會改變他們的消費習慣。

為什麼會改變？第一代電商面對的是首批敢在淘寶上買東西的買家，其主要成員是 85 後；十年前的 85 後是大學生，他們消費的主力訴求是價格足夠便宜；第二代電商現在遇到的買家是誰？是大學應屆畢業生，他們口袋裡有幾萬塊錢嗎？我想大多數沒有，所以這批消費人群的消費能力仍然有限；第三代電商的主力消費人群是誰呢？依然是 85 後，但 2014 年的 85 後開始邁入而立之年，進入了消費能力井噴期，消費層級提升，此時的消費者希望能夠在網上購買到更高品質的商品，針對這時候的消費者，我們應該提供的不再是價格低廉的劣質商品，而應更注重商品品質的提升，從而使消費者對品牌產生信賴。

第三代電商還要學會的就是看數據資料。在未來五年內誰能夠看得懂數據，誰就比其他看不懂數據的賣家領先一步。店鋪的定位、產品的選款，需要先做市場容量分析；標題的優化、首圖的選擇必須有數據支撐；直通車的投放，關鍵字的擬定，要通過投放數據分析……不拍腦袋做決策，任何營運上的調整都需要有數據支撐，這才是一個對數據化營運的要求。

目前市場上關於電子商務的圖書多為電商基礎知識普及書籍，或者只是從企業發展的戰略高度、從理論上告訴企業電子商務的重要性和市場機會，始終缺乏一套在專業認知與實際操作上能夠指導企業及企業員工如何正規化發展電子商務的系列叢書。由此，本書應運而生並希望能夠給行業內人士帶來幫助。

老 A 電商學院主編的這套電商教程，從營運思維到如何實現技術實操，毫無保留地將數據化營運公開給所有從事電商行業的企業和個人。我相信，這套教程會是推動中國電子商務行業創新與發展的有益補充，能夠為企業有效開展電子商務提供一個清晰的操作思路，幫助其健康、有序地發展。

中國電子商務協會網商精英創新與扶持推進中心祕書長　黃斌

前言

　　互聯網的發展，讓消費者的購物方式更加多樣化，電商的發展也同樣迅猛異常。網上購物便捷、快速、省事的特點，讓越來越多的消費者湧入淘寶購物。嗅覺敏銳的線下實體經營者看到了來自於網路的商機，每年都有大量的新商家加入到淘寶賣家大軍中。2013 年 10 月 31 日，馬雲在國務院第三次經濟形勢座談會上向李克強總理透露了一個資料：「在淘寶網開店的公司數是 900 萬家」。一年多過去了，隨著阿里巴巴在美國的成功上市，使得淘寶的知名度更大，加入淘寶的商家估計已超過一千萬家。

　　在這上千萬的淘寶商家中，能獲利的有幾家呢？阿里巴巴沒有公布這個資料。根據一些研究機構的調查，目前獲利的商家比例並不高，很多商家都是賠錢的。有人會問，淘寶不是免費的嗎？怎麼會賠錢呢？事實上，稍有一些淘寶常識的人都知道，在淘寶開店（集市店）是不收費，但是一些增值服務是收費的。線下銷售要有客流量，在網上銷售的前提是要有流量。現在的淘寶買家（消費者）增長放緩，但是賣家（商家）卻仍在高速增長，競爭異常激烈，如果想要獲得更多的流量，你的淘寶營運技術就得比同行賣家棋高一籌。

　　怎麼樣才能夠在淘寶賺錢呢？很簡單，就是投入產出比要高。爆款，就是淘寶店鋪獲利的一種手段。什麼是爆款？爆款就是在淘寶上賣得非常好的寶貝產品。爆款能夠佔據很靠前的搜索排名，能夠為商家帶來大量的免費流量，能夠增加爆款的銷量，能帶動店鋪其他產品的關聯銷售，同時還能夠擴大店鋪的品牌知名度。因此，要想在淘寶賺錢，爆款是必須的。

　　怎麼樣才能打造一款爆款？有沒有一個方法照著做就能打造出爆款呢？有！這就是為您獻上本書的原因。本書知識全面，邏輯清晰，步驟簡單，只要一步一步照著操作，就能達到理想的效果。無論你是在淘寶經營多年的老賣家，還是剛剛踏出校門的畢業生，或者是從線下傳統企業轉到線上的商家，你都需要一本這樣的淘寶爆款操作手冊。

老 A 電商學院

目錄 | CONTENTS

PART **1**

打造爆款的核心思路與前期準備

第 1 章

打造爆款核心思路

爆款的效果不是直接將寶貝在淘寶系統中通過編輯上架就會得到的，而是賣家依據所選擇的爆款相關指標以及寶貝在淘寶行情中的走向與趨勢，一步一步打造的。

爆款打造之前的核心思路，每一位賣家都不可小覷。它能夠使賣家更有條理地規劃出每一個階段所需要做的工作。

打造爆款的核心操作思路

在爆款寶貝的打造過程中，有一個貫穿其中的核心思路。這個核心思路既能幫助賣家有效地掌握打造爆款的執行力重點，也能讓買家更容易獲得滿意的消費體驗，從而讓寶貝在淘寶龐大的市場銷售競爭環境中得到更高的交易量以及人氣。普通寶貝要蛻變成為真正的爆款寶貝，就必須具備兩大基本要素：人氣和銷量。如何才能獲得人氣和銷量呢？最主要的就是要讓買家在淘寶中更容易看到寶貝的存在，立即產生消費衝動。而能夠營造出這種消費衝動的核心在於寶貝的視覺展露的行銷手法。

打造爆款寶貝的核心是視覺。淘寶上的購物方式和線下的購物方式有大不同，由於買家不能親身體驗到產品，只能夠透過賣家圖文相結合的介紹來判定寶貝是否是自己所需要的，寶貝是否具有較高的價值等，因此，打造爆款寶貝的核心點是寶貝的視覺感受。根據這個核心點出發，從市場的發展規律以及買家的消費特點著手，便會形成爆款寶貝打造的關鍵思路，對於賣家的具體操作具有重要意義。圖 1-1 所示是爆款之所以被青睞的最重要的四大因素。

圖 1-1　爆款的魅力所在

█ 挖掘爆款的核心要素

在進行爆款打造時，首先要找到最能夠促進增長的熱點，並且在爆款打造的過程中以點對線的形式最終確定寶貝的核心規劃，使賣家通過指標有效地形成爆款。

不管是買家還是賣家，在觀察寶貝的時候往往會挑選出具有明確商品價體現點的寶貝，以作為一件商品是否優質的參考標準，對於爆款寶貝來說，其所擁有的靈魂不僅包含著商品的使用價值，更要包含著商品的購物價值，愈值得購買的寶貝，愈能夠形成具有指標性的爆款特質。其核心就在於寶貝的具體展現，就是人們常說的寶貝視覺效應。

1. 寶貝價值

只有當一件寶貝（特別是爆款寶貝）具有相關的價值時，才能夠展現出寶貝的使用價值以及購買價值。在淘寶上的特殊展現方面，一件寶貝所擁有的價值多少，可以直接形成商品轉化率。以視覺作為價值體現的表現方式，成功地吸引到絕大部分人瀏覽查看寶貝的相關介紹和資料。即從視覺方面，在寶貝的「主圖」和「詳情頁面」上更加突出價值要素。

一般來說，在一件爆款的寶貝中都會存在著一個或幾個優勢點，但因為其在一定數量上的集合往往不能精準、明確地將寶貝的價值在視覺方面體現出來，此時則可以根據買家的購物需求來挑選出最具價值的視覺佳品。

寶貝的價值可以透過詳情頁面的敘述更全面地展現在買家的面前，加上圖文配合的修飾，使其更具體驗性，讓買家在瀏覽過程中引發購買衝動。在進行寶貝的銷售和展示時，針對需要介紹和說明的寶貝，更是要以精確的視覺呈現來展現寶貝的價值。

以烤箱為例，烤箱曾經只會出現在專門銷售蛋糕以及經營熟食的店鋪中，但近年來，隨著社會的發展以及買家們對食品安全的要求越來越高，烤箱成為民眾家中所需。同時，也因烤箱自身設計的美觀性，與功能不斷的改進，都愈發符合人們在食品製作和操作性方面的要求，故而在現實賣場和淘寶網日益熱銷。從烤箱的發展趨勢看，烤箱的價值體現，正是爆款

打造時需要向買家展現的要求之一。經由對一定數量的購買烤箱的買家進行消費者調查顯示，在購買烤箱時，人們通常考慮對以下幾個方面。

(1)烤箱的安全性。

(2)烤箱的實用性。

(3)烤箱的適用性。

而在淘寶店鋪中，銷售烤箱的相關詳情頁面，也針對買家在烤箱上的價值觀點做出了相關的圖文配合。圖 1-2 所示，賣家將拍攝好的寶貝圖片經過專業處理，將其所使用材料的安全保證清楚地展現在了買家的面前，同時將烤箱所用材料以及工作原理都配合文字展現在同一張圖片上。

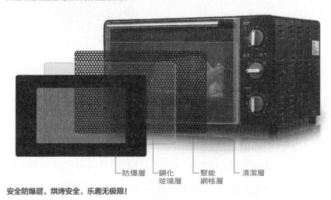

圖 1-2　烤箱安全性的視覺展示

當賣家將烤箱的安全性藉由圖文結合的視覺闡述形式展現出來後，烤箱最受買家們關注的其他特點也清楚地展現了出來。圖 1-3 所示是使用這個

烤箱能製作出來的食物，包括蛋塔、蛋糕、披薩、雞翅、麵包等，不僅將食物藉著組合在烤箱的產品介紹圖上完美展現烤箱用途，同時也從視覺效應的多樣性中讓買家們感受到此款烤箱一物抵多物的實用性，使他們能夠直截了當地瞭解到比純文字或其他形式的介紹更多的寶貝詳細使用情況。

圖 1-3　烤箱實用性的視覺展示

除此之外，寶貝價值中最主要的就是品牌的展現，特別是對於一些本身就以品牌作為銷售關鍵的寶貝來說更是如此。品牌能夠體現商品的價值，能夠讓買家更加放心地購買和使用，能夠加大寶貝自身的交易定價，是買賣雙方都格外重視的一個銷售元素。

在爆款打造中，品牌因素非常重要，這就是為什麼有愈來愈多的賣家要將自己銷售的寶貝用各種方式打造出一個品牌的原因。圖 1-4 所示是烤箱的品牌視覺展示。賣家將烤箱與相關文件與憑證的結合，不加文字說明就能夠充分地展現出品牌優勢，讓買家能夠更放心地購買。

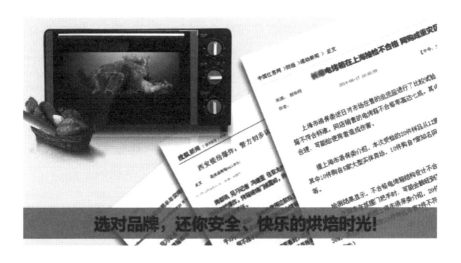

圖 1-4　烤箱品牌視覺展示

2. 銷售導向

在淘寶網的寶貝銷售中，買家在購買寶貝的時候往往依靠賣家的推薦。而在此過程中，寶貝憑藉著具有高度視覺效果的圖片，能夠在買家目光所及的第一時間篩選中贏得點擊率和流量。爆款寶貝的打造更是如此，要想得到更高的人氣和銷量，就必須讓買家在寶貝上停留更長的時間。

(1)突出價格

一般來講，當寶貝在搜尋網頁面中被呈現時，買家的購物習慣是在查看寶貝的同時用餘光去觀察寶貝的價格，如果一件具有吸引力的寶貝兼具有吸引力的價格，買家往往會點入寶貝的詳情頁面，這也就無形中增加了寶貝的點擊率。

突出價格並不需要賣家們藉由與全網路同類寶貝價格的比較而大幅降低自家寶貝的定價，而是用視覺行銷手法，將寶貝價格從單價、包郵資等手法，讓買家認為價格就是低於其他寶貝，從而願意因價格因素考慮對寶

貝進行購買，這便形成了從賣家主觀的角度上對買家購物的嚮導指引。

圖 1-5 所示是兩家同樣銷售桂花糕的店鋪所展示的寶貝。在淘寶自動以單價顯示時，可以明顯地看到左側寶貝每 500 克的單價是 19.8 元，而右側寶貝則要便宜 6 元。但是左側賣家將寶貝以分隔數量的形式，大大降低了買家直接看到的銷售價格，同時在寶貝的主圖上將包郵清楚地展現在了買家的面前，還有能夠一次性購買五盒實施的價格優惠。結果，買家在權衡對比情況下果斷選擇了左側的寶貝。此家店主並沒有在真正的價格上比另一家少賺，相反，在獲得更多人氣的同時也獲得了更多的獲利。

圖 1-5　寶貝價格導向

這就是打造爆款的視覺核心能夠為賣家帶來的效果。從視覺導向出發，低價並不會導致虧損，反而是一個吸引買家前來點擊和購買的很好手段，能使寶貝在競爭中從主觀的層面上取得更多的主動權。

(2)熱點

在淘寶上，不管是店鋪還是寶貝，其數量都是無法估計的龐大數字，正因為淘寶開店以及淘寶銷售的無門檻，讓更多的賣家加入並帶來更多的寶貝。在淘寶網進行經營，並不是將寶貝上架就能按照自己的意願進行銷售的，那樣打造出來的寶貝往往不會引起買家關注。要想獲得更好的關注

度和銷量，就要以淘寶市場為平臺，將寶貝的打造和營運放在寶貝搜尋頁面中和其他相競爭的寶貝進行對比，體現出更多的對比優勢，才能夠讓寶貝贏得淘寶的一席之地，這往往也是依靠爆款核心「視覺銷售」來得到的。

　　圖1-6所示為淘寶銷售的兩件男裝，左側銷量為右側銷量的四百多倍，從賣家所設置的寶貝主圖來看，高銷量的寶貝選用的是真人上身秀，同時在真人秀的旁邊透過細節小圖片展現配合文字解釋，能夠讓買家一眼看出二者相比之下的差別，以及左側寶貝關於選用的材料、價格等方面的優勢，左側寶貝的銷量自然而然就會更高。這就是從直觀的視覺核心中營造寶貝的競爭優勢，無形中促使寶貝感官效果的提升，進而轉化成寶貝的銷量。

¥288.00　2239人付款　　¥228.00　5人付款
韓国代購青年棉衣男韓版新款冬裝羽　　男士2014冬季大碼韓版修身型外套立
絨棉外套男士加厚棉袄棉服潮男　　　領金絲絨加肥加厚胖人休閒男裝

圖 1-6　寶貝的熱點銷售

(3)競爭點

　　商品的多樣性讓買家在購物時有了愈來愈多的選擇，要想寶貝能夠迎合群眾的購買心理，就需要賣家在傳統寶貝的基礎上增加寶貝的創新點以及改良後的發光點，形成與其他寶貝的競爭優勢。

　　圖1-7所示為淘寶中銷售的類似同款寶貝，從寶貝主圖中可以看出，二者都是透過圖文相配的形式展現出了寶貝的賣點，不同之處是，左側寶貝中的文字突出寶貝穿上身的賣點，而右側寶貝的文字則是凸顯買一套送一套的划算度，並且在定價上也更低一點。即便如此，在銷量方面，左側寶

貝仍然比右側寶貝的銷量高出很多。究其原因，就在於左側寶貝在文字的視覺感上更加突出了寶貝的獨特競爭點，更加迎合了買家們的購物需求。對於選擇這類寶貝的年輕人來說，不論是從寶貝上身的效果還是再穿上外套等衣服的上身效果來說，都更加符合買家對寶貝的期望值。也正是因為賣家準確地抓住了寶貝的競爭要點，才能夠真正得到更多買家的認同。

圖 1-7　寶貝的競爭點銷售

3. 相關形象

　　說到爆款核心要點中的寶貝相關形象，更需要賣家以貫穿寶貝的方式去打造重點，並呈現在買家眼前，透過形象的視覺突出不僅能夠讓店鋪和寶貝在買家面前顯得更加專業化，在優化形象的同時獲得更好的關注。將寶貝和店鋪共同塑造一個相關的形象，讓買家能夠感受到其中所包含的內涵，增加購物時的信心，這對買家來說是一種購物的保障，對賣家也是一種鞭策。對於爆款寶貝的打造來說更是如此，愈好的寶貝，賣家在創新中將寶貝設計製作得愈好，買家的購物體驗也會愈好。店鋪有靈魂，買家有購買點，爆款還會失利嗎？

▎ 打造爆款的核心操作思路

　　在賣家完全掌握打造爆款寶貝時的核心點，並且較清楚地知道應該從

哪裡出發之後，接下來就是要把握爆款寶貝在其核心打造上的較為清晰的核心思路，並為核心思路選擇一條經營流水線，使爆款寶貝的打造之路更加有效。

1. 從詳情頁面出發

爆款寶貝的核心推廣離不開寶貝的詳情頁，而詳情頁往往也離不開寶貝的三大要素：買家利益、時間點和寶貝亮點。從買家利益來說，就是要從寶貝詳情頁面上充分地說明店鋪能夠帶給買家更多的相關價值。圖 1-8 所示是一家店鋪藉著在詳情頁中以週年店慶的方式為店鋪中寶貝的銷售提供的優惠，以寶貝件數的形式來對價格形成優惠，極大地為買家提供了利益，同時讓一部分買家考慮多買多便宜，以增加店鋪銷量，讓買賣雙方都能夠從中受益。

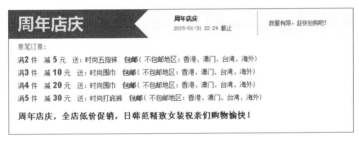

圖 1-8　店鋪為買家提供的相關利益點

在寶貝的詳情頁中，除了以這樣的方式增加爆款打造的流暢性以外，利用時間點的方式也是促進寶貝在打造的有效期中的銷量和人氣都達到最高峰的優質手段，讓買家在賣家提供的相對緊張的時效中抓緊時間購買。圖 1-9 所示是一家店鋪的賣家在寶貝詳情頁中貼出的限時廣告，用這方式，不僅讓查看該寶貝的買家充分感受到寶貝的熱銷程度，同時藉由限定時間的方式促進買家在看中寶貝後立刻下單付款購買，這無疑是促進爆款寶貝形成的一個辦法。

圖 1-9　寶貝限時搶購

　　除了這兩點外，更重要的是寶貝自身所存在的亮點。因為在淘寶中購物的買家，除了會兼顧寶貝價格等因素之外，還要從寶貝自身的因素出發。在淘寶網中，一件能夠有效占領市場較長時間的爆款寶貝，通常都擁有一個或多個其他寶貝無法比的自身亮點。

　　如何突出寶貝自身亮點，最常見的方式就是加強寶貝在頁面上的視覺衝擊力，運用顏色的合理搭配與頁面構圖的差異性設置突出寶貝，使那些即便不想購買寶貝的買家也能夠充分記住寶貝的大致資訊，形成一種寶貝的亮點口碑，這對於爆款寶貝的打造十分有推動作用的。因此，在爆款寶貝的打造中，核心的思路就是要將寶貝完美地呈現在買家面前，並且讓買家對其留下極深的印象，使買家在瀏覽寶貝時迅速有效地記住。

2. 以推廣定基礎

　　在打造爆款的過程中，倘若賣家所經營的店鋪或者寶貝在打造開始之前就有一定的人氣和銷量，那麼這時所需要的推廣是更進一步地引發爆潮，將寶貝推向整個淘寶市場；當一件寶貝在進行爆款打造過程中屬於零起步的狀態時，此時的推廣格外重要了。

　　利用推廣吸引流量和交易量以及評價，是爆款寶貝打造最有效的起步發展。我們最常見的推廣手法有直通車、首頁廣告、淘寶客、鑽石展位等，但是這些推廣的方式通常是針對寶貝已經形成了雛形並向更好方向發展時進一步提高人氣所選用的。

　　在零基礎的前提下，這些推廣方法在一定程度上不是那麼適用，因

此，還應考慮其他推廣方式。此時，需要使用以推廣定基礎的手段，就是賣家將一定數量的爆款雛形寶貝透過「試用」的方式在淘寶網中吸引買家，然後從申請試用的買家中選出適用的客戶，用寶貝的免費來換取寶貝的首次口碑評價，讓以後購買的買家能更加放心地購買。

圖 1-10 所示是淘寶系統中為試用寶貝專門設計的一個頁面，無論賣家是否想要將店鋪中的某一樣寶貝打造成為爆款，都可以將這件寶貝設置在這個頁面中，用免費的形式讓更多的買家申請，然後按照賣家定出的試用規則來進行使用。用這種免費形式進行推廣，往往會讓人氣在較短的時間之內較高地匯聚在店鋪和寶貝上，讓賣家得到爆款寶貝打造時最想得到的破零的人氣和口碑。

圖 1-10　淘寶試用

通常來說，用免費試用作為打造爆款寶貝的基礎推廣，賣家收到的反饋是很明顯的，但是更重要的是能夠透過回饋讓其他的買家看到寶貝的好處，並且能夠有效地促進寶貝以後的轉化率，這才是對賣家來說最重要的。而如何讓之後的買家更有效地看到使用寶貝後最真實的試用報告，就需要賣家直覺的展現。

圖 1-11 所示是一款寶貝的試用報告。從圖中我們可以看到，賣家所收到來自買家的試用報告後，將其直接放置在寶貝的詳情頁面上。

這份試用報告不僅包含了試用買家的背景以及試用過程的相關文字介紹，同時也有買家自行拍攝的寶貝的外觀和內在的照片等，更能夠讓之後

的買家直覺、有效地看到寶貝的亮點等，從而在起步階段讓買家對寶貝產生心動的感覺。

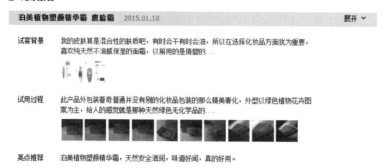

圖 1-11　試用報告

3. 過程可控化

在爆款的打造過程中，透過賣家所營造出來的寶貝的價格優勢或者自身形象設計優勢等，能夠迅速地抓住買家的消費點，為店鋪以及寶貝贏得良好的人氣以及商品轉化率。但從打造爆款的時效性以及高效性上來說，在爆款打造過程中再次進行適當的可控操作，能夠讓爆款寶貝的銷售對買家產生一種需要立即購買的緊張感。對於過程的可控性來說，主要是透過賣家的上下架操作來進行寶貝的購買緊張。

如果一件寶貝在被打造的過程中銷量在一定的時間之內沒有達到賣家的要求，可以利用銷售手段在一個時段中將寶貝下架，並在店鋪首頁發出寶貝已售罄的消息，讓買家看到這件寶貝的強大可買性。一段時間以後，將寶貝重新上架並重新貼出寶貝數量有效的通告，同時透過旺旺聯繫下架時間段內沒有買到寶貝的買家來購買，此時會發現，寶貝的銷售會比之前銷售的速度快幾倍。此時要想達到賣家的銷售目標，便輕而易舉了。

除了這樣的控制方法外，還有一種就是在商品的銷售中拿出其中一件

或者兩件做一元價或其他較低價格的秒殺活動。這樣的活動玩的是價低，同時玩的更是心跳，往往會對寶貝產生前所未有的人氣和流量。

圖 1-12 所示是淘寶為秒殺寶貝專門開始的「整點聚」秒殺活動。將寶貝的每一次秒殺都設置在倒數計時提醒的一個時間段內，同時也將寶貝的銷售價格設置為原價的一到兩折裡，讓買家不僅從價格上能夠產生心動的購物想法，同時也能夠從銷售時間的可控性上督促買家們在看上寶貝後儘快購買，由此在爆款形成的較短時間之內聚攏人氣和銷量。

圖 1-12　淘寶「整點聚」秒殺

對於爆款的打造來說，有很多因素能直接成為打造成功與否的關鍵，並且對於這些因素來說，往往會存在著一些相互貫通的切入點，而這些點往往就是爆款寶貝在打造時形成的核心要點了。

當賣家們能夠準確地抓住這些要點時，對於寶貝的打造一定會有更高層次的指向性，這會大大減少賣家在此花費的功夫，並且透過核心要點將打造的過程形成一個更加程式化的整體，讓買家也更加容易地感受到爆款寶貝的種種優勢。

爆款的相關指標

想做好爆款的打造，就要從爆款寶貝自身所蘊含的參考指數入手，以行業的指標作為打造時具有重要引導作用的參考，讓賣家能夠清楚地觀察到爆款寶貝打造所產生的具體數值有著怎樣的分布和走勢，才能讓寶貝充

分地達到爆款所應該具有的數值，督促自己以指標來進行下一步的打造。

1. 爆款打造前的參考

我們通常會運用一些專業測定數值的軟體來進行爆款打造之前的寶貝選款、測款以及銷售改進等，其中最常用的便是從淘寶網中所有寶貝的交易情況總結和預測而得到的「淘寶指數」。圖1-13所示是藉由專業的淘寶指數分析得到的寶貝動態指標：長週期走勢、人群特性、成交排行、市場細分等。經過系統總結的全網參考指數，能夠深入分析買賣中的關鍵數據，不僅對於打造爆款的選擇有一定的市場迎合作用，也能夠從中深刻反映出所打造的爆款寶貝沒有得到賣家預想結果的原因。因此，淘寶指數對於爆款打造之前的營運來說具有引導性的作用，讓賣家在最短的時間裡掌握到寶貝在淘寶市場中的走勢。同時，利用相關的走勢讓賣家能夠作出更多預測性的寶貝猜測，對於爆款寶貝的選款來說更具優勢。

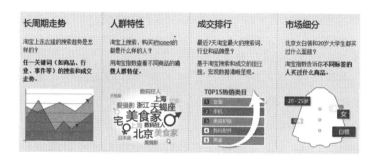

圖 1-13　淘寶指數

2. 打造過程中的參考

在爆款寶貝已經選擇完畢並正式參與市場競爭的時候，透過淘寶指數作為寶貝的銷售參考可能對賣家的參考價值不如在選款階段更多，因此應當注意到，在爆款寶貝的打造過程中，相應的指標參數也正發生著變化。

爆款寶貝在打造過程中最重要的指標就是透過銷售而引進的相關數

據，這些數據包含以下幾種。

(1)**收藏量**：使用者訪問店鋪頁面過程中所添加收藏的總次數（包括首頁、分類頁和寶貝詳情頁的收藏次數）。

(2)**跳失率**：表示顧客通過相應入口進入，只訪問了一個頁面就離開的訪問次數占該入口總訪問次數的比例。

(3)**寶貝頁面瀏覽量**：店鋪寶貝頁面被查看的次數，用戶每打開或刷新一個寶貝頁面，該指標就會增加。

(4)**拍下件數**：寶貝被拍下的總件數。

(5)**拍下總金額**：寶貝被拍下的總金額。

(6)**全店成交轉化率**：全店成交轉化率＝成交用戶數／訪客數。

(7)**訪客數（UV）**：店鋪各頁面的訪問人數。所選時間段內，同一訪客多次訪問會進行去重計算。

(8)**瀏覽量（PV）**：店鋪各頁面被查看的次數。使用者多次打開或刷新同一個頁面，該指標值累加。

在爆款的打造過程中，能夠為賣家帶來更多關鍵性的數據參考是寶貝交易量、收藏量、轉化率這三個重要的數據。這三個數據能夠將爆款寶貝最核心的銷售情況等向賣家在後臺展現，透過直觀的銷售情況讓賣家更清楚寶貝的哪一點還可以更加完美地操作，以獲得更好的收益。

其他操作思路介紹

通常，爆款寶貝的打造是經過一系列市場調查及分析後選出主推的寶貝，然後從寶貝的準備環節開始向市場逐步地推廣、銷售。完成這一步後，可能你所打造出來的爆款已經在市場中形成了一定的人氣和銷量，這時便可以結合後臺所產生的相關營運數據，對爆款寶貝在打造過程中的優劣勢進行發揚和規避，透過進一步的推廣，將爆款更成功地在市場上打造出來。

對於爆款的打造，一般賣家會將其作為店鋪中的主推寶貝以及獲利寶貝，可想而知，一件爆款的成功打造能夠為店鋪的經營帶來多少好處。鑒

於此，爆款打造的思路就顯得極為重要了。在爆款打造思路上，抓住寶貝的核心以及賣家銷售的核心一定能夠對爆款形成提供很大的助力，但與此同時，抓住爆款寶貝在打造上的其他思路形式並且合理地借鑒和運用，也是爆款寶貝打造過程中的一大法寶。

1. 低價制勝

　　無論什麼寶貝，只要是低價，就一定能夠在淘寶網中吸引買家注意的目光。低價不僅保證買家購買時的消費心態，即便買家將寶貝拿到手中之後發現和賣家描述的有一定差異，也能夠因為價格因素而欣然接受。當寶貝的售價低於同行平均水準、賣家擁有較高的客戶服務及售後保障的時候，也能夠對爆款寶貝的打造提供很多的便捷途徑。

2. 回饋客戶

　　在淘寶的各項數據統計中，有一個專門針對老顧客的數據統計，可見老顧客對於淘寶寶貝的銷售是多麼重要。賣家在進行爆款打造的過程中，對客戶的回饋或者是寶貝價格上的一些讓利，或者一些小贈品的饋贈，這種付出完全能夠藉由寶貝的利潤而回籠，同時卻能夠對買家形成一種極大的消費鼓舞，讓賣家能夠在最短時間裡加速爆款寶貝的成功打造，極大地提升寶貝人氣和店鋪口碑。

3. 搭配銷售

　　在購物中，買家往往會因為更加便捷、省時，甚至是獲得額外的實惠等，連帶再在同一個銷售市場中購買所需要的東西。對於淘寶購物來說也是一樣的。很多時候不光是由賣家自己所設定的多買多省，或者從買家自身出發能夠以購買更多需要的寶貝來節省相關的費用，會選擇在一個店鋪中購買多種寶貝，這些情況也在爆款寶貝的打造中形成一種搭配銷售的操作模式。

　　這種模式通常是賣家以變換形式的讓利，將幾件寶貝組合購買的價格以更低價銷售給買家，形成「實惠購物」，便大大促進了買家的購買欲望，

特別是對於生活必備品的爆款寶貝來說更是如此。

4. 偷天換日

　　所謂的偷天換日，就是賣家利用已經有一定交易量和人氣的寶貝詳情頁面，將所需打造成為爆款的寶貝進行置換，讓之後瀏覽到該頁面的買家認為這是該寶貝所原有的。但這樣的操作在淘寶中是被禁止的，會因寶貝被查處造成下架的風險，因此想要借助此思路來打造爆款寶貝一定要慎之又慎。

第 2 章

選擇有潛力的爆款

爆款是商家的致勝暢銷商品，賣家必須先選擇一款有潛力
的商品，再發揚這些商品的潛力，首先要從商品的自身出
發，向買家傳達營造出獨特的質感，並兼顧宏觀的市場，
一邊挖掘商品的潛力，一邊對應地挖掘潛在的客群，輔以
調查和推廣等方式，激發出商品的力量，引爆市場。

市場挖掘，尋找爆款特徵

不管是現實銷售市場還是日益火熱的網路銷售市場，處處都充滿著商品銷售的生機和挑戰，迎著這種市場特性趨勢發展不斷地進行主動的挖掘，摸清市場的脈搏和走向，做到自身的多謀善變，開拓創新，進而全盤掌握市場。

與此同時，以市場為基點，挖掘想要銷售的爆款特徵並探求其本質，進一步為了將本店的商品寶貝打造為熱銷的爆款做準備。

▌市場容量分析

市場容量是指在不考慮產品價格或者供應商所作出的策略的前提下，市場在一定時期內能夠吸納某種商品或勞務的單位數目。國際市場容量相當於需求量。

有一句行話說得好：行業和店鋪體量決定了店鋪的發展潛質。而對於淘寶這個超大市場來說，根據需求而上架進行銷售的寶貝是千千萬萬，淘寶經營者的首要任務就是要了解商品近年來的市場需求變化，同時根據這些情況調整自身店鋪的庫存、資金和其他相關資源。

在進行市場容量分析時，會選擇一些賣家專用版的數據分析軟體進行詳細分析。

下面以女裝為容量進行分析，透過數據檢測，將其在這段時間內所銷售的商品數量同前一段時間進行分析對比，計算出這一類目數據的具體增長幅度或下降幅度，得到其市場容量是否可觀的結論。

圖 2-1 所示是以表格的形式統計出了女裝類目下各子行業的成交量、銷售額以及較上年的漲幅情況，其中的漲幅百分比就說明了其所對應的子行業具有較可觀的市場容量。

透過以數字說話的市場容量分析，可避免在挑選經營商品時因不清楚市場的具體情況而不知所措。

子行業名称	成交量	销售额	高质宝贝数	较上年涨幅	月	年
裤子	9003826	979900384	59485	21.68%	2	2014
毛衣	466174	894448225	48213	60.20%	2	2014
羽绒服	4262219	3330737056	121260	39.88%	2	2014
连衣裙	3610487	816350221	73689	52%	2	2014
牛仔衣	2784193	365098936	29526	79.46%	2	2014
毛呢外套	2530362	1122356944	57313	20.79%	2	2014
棉衣	2419047	824656258	37400	49.10%	2	2014
T恤	2358467	194759832	42373	48.51%	2	2014
中老年女装	2058952	528330273	37400	58.03%	2	2014
半身裙	1828362	170721272	42373	27.46%	2	2014
针织衫	1671832	279840973	29950	39.35%	2	2014
衬衣	1664836	212173077	13993	54.45%	2	2014
卫衣	1231786	207869129	31375	37.76%	2	2014
大码女装	885134	141671548	34676	65.25%	2	2014
皮草	866889	1059330695	26072	5.64%	2	2014
雪纺衫	722471	103069660	22375	64.39%	2	2014
皮衣	513373	820189300	16750	62.44%	2	2014

圖 2-1　女裝各子行業數據統計圖

市場趨勢分析

隨著淘寶日益壯大，進駐商家日益增多，隨之而來的是在全網中銷售的商品種類也更加繁多，孕育出市場的高度核心競爭力，同時也產生一大批競爭對手。在這局勢下，每一位賣家在淘寶開店前一定要正確地掌握淘寶的趨勢，進行必要的市場趨勢分析。

在進行市場趨勢分析時必須依據數據，常用的統計方式為淘寶指數搜索。如圖 2-2 所示，輸入銷售寶貝關鍵字顯示出全網的市場趨勢數據匯總。

圖 2-2　淘寶指數頁面介紹

例如，搜索日益在微信等平臺上炒得火熱的「面膜」，並查看其在淘寶平臺上的市場趨勢，用淘寶指數分析的市場趨勢可觀察到其在一定時間之內被買家所搜索的指數，以及同期增長或下降的百分比，透過這樣的指數能夠使賣家在確定銷售商品時做到因時制宜。

當然，除了寶貝關鍵字的搜索指數圖外，還有具體的地域分布統計、人群定位統計以及曾經購物的買家等級統計等。如圖 2-3 所示，都是透過具體的數據分析進行市場的趨勢總結和分析。因此在進行市場挖掘和尋找爆款商品時，以指數為參考，詳細地預判商品寶貝未來的發展趨勢，是賣家必做功課之一。

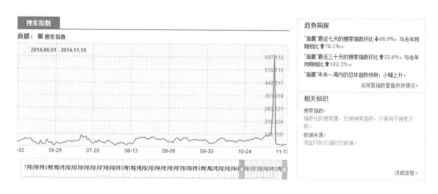

圖 2-3　搜索指數

分析市場定價

店鋪中寶貝銷售的定價高低，是取得良好的銷售成績的關鍵。在電商交易平臺上，價位的高低第一時間就影響了買家是否要繼續瀏覽。一個合理的市場定價會從買家最關心的角度出發，得到商品更多的收藏量和轉化率。而透過對市場定價的分析，不但能夠透過參考的形式提供商品價格的中間值，更能使賣家以這樣的方式更開放去設置寶貝自身或者店鋪的附屬內容，以稍高的價格搭配更多的服務或贈品，或以更低的價格來吸引更多買家光顧。

在進行市場定價分析時，賣家們往往在淘寶網中搜索相同寶貝，再以自身成本為前提，平均商品的銷售價格，也可根據在淘寶指數中搜索關鍵字後查看市場分析中的全網均價後來衡量。如圖 2-4 所示。

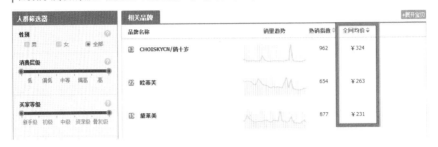

圖 2-4　寶貝銷量統計

▍潛在市場挖掘

很多賣家會焦慮自己店鋪中所銷售的寶貝的市場不夠大，殊不知，任何的商品，除了其自身所屬分類市場外，透過一定的銷售方式使所銷售的寶貝的市場擴大，能夠發掘出更多潛在市場。如今的淘寶市場正在改變「適應需求」的經營方式，很多情況下變為「創造需求，引導消費」。也有更多的賣家積極主動地發掘市場機會，開發更多的潛在需求，從而在廣大競爭者中取得主導權。在任何市場中，面向廣大買家顯現出來的商品資訊，一定是透過市場中的時間特性揭示出來的。

1. 利用節假日發掘潛在市場

忙碌的工作和生活，讓更多人去關注不同的節、假日，同時也更願意在這些日子安排各種活動，因此身為電商的淘寶賣家，可應景的利用這些特定的時期和氛圍去激發買家的衝動性購買。例如在母親節或者父親節，平時針對特定人群（母親或父親）的寶貝在這一天會受到更多消費者的青睞，例如小孩、朋友、同事不同對象都會購買作為節日禮物。

2. 利用熱潮發掘潛在市場

網路等媒體的發展，使得商品與商品之間聯繫得更加緊密，而在媒體中經常出現的、上鏡率極高的商品，也極可能在下一個時間內引爆淘寶。

這樣的狀況體現在生活中的每一個方面，它可能是重大賽事帶出的體育熱，也可能是熱播影視劇中常出現的道具服飾，還可能是新技術研發出的更多科技時尚的新興事物等，這些都是淘寶中很重要的商品的潛在市場，並且因商品銷售的競爭力小而成為爆款打造的最佳時間。以這樣的方式發掘市場，在一定程度上是因為搶占先機，以開先河的方式吸引最多消費者的關注。

3. 利用人群帶動發掘潛在市場

好的事物之所以會愈來愈好，往往是來自曾經的消費群體推薦、宣傳的推波助瀾，才能使更多的人認識和接受。因此，有了這樣的商品銷售背景，便可依據對人群的分析和定位去進一步開拓潛在的市場。例如，經營手工製品的小店可根據買家所挑選的商品種類來研發新興商品。以這種方式發掘潛在市場，不僅能使商品種類更加齊全、多樣，同時也還能穩定並帶動更多買家的關注。

選品和產品定位

淘寶中的商品銷售不同於現實生活中的商品銷售，淘寶開店的低門檻讓大量的店鋪在這平臺上不斷興起，同類店鋪很可能在選款時出現所經營的商品近似化或者是同類化情況，這無形中加大了店鋪經營的競爭性。倘若沒有選定一個方向性較強的產品定位，那麼在這個一家更比一家強的淘寶經營環境下，勢必會遭受到一些衝擊。

錯誤的寶貝推廣會讓經營的店鋪賠得血本無歸。錯誤的寶貝選擇會讓店鋪的經營者錯失絕佳的爆款時機。

測款和 A/B test

在進行店鋪商品選擇之前，很重要的一點就是對所選的商品進行一定的測試和投放試用，從商品經營銷售的第一步起就做到商品的銷售有保證，也能夠透過前期對市場進行的一系列調查，使得賣家對商品的銷售作

出有效的選擇，能適時地迅速搶占先機。

1. 測款

提到「測款」一詞，絕大部分賣家都不會陌生，但通常只有店鋪經營較大的賣家才會選擇測款作為商品發布之前的第一步。我們這裡所講的測款並不是用一些推廣的手段和方式，例如鑽石展位或者直通車來進行測款的方式，而是以「提前選擇商品」並將其作為下一季的預覽進行預售等方式來實現對款式的測評。這種對商品測試的方式，不管店鋪經營為買手制還是原創設計工廠定做，或者是聯繫廠家拿貨出售，以整個店鋪的營運角度而言，都有其必要性和重要性。

圖 2-5 所示為淘寶天貓的原創女裝品牌旗艦店的寶貝頁面，我們可以看到在進入冬季的時候，店家就會在寶貝分項欄上出現下一季的分類，而進入相應的頁面時，會看到有一整頁關於新品的預覽，其中的價格都為「價格待定」，這便充分展現了賣家作出了將近 40 件的商品寶貝測款，可見該店鋪經營者的長遠眼光。

圖 2-5　寶貝預覽頁面

當我們點擊進入其中一件商品的詳情頁面後，如圖2-6所示，商品的價格以及商品的數量選擇的附屬欄上都會清楚地顯示商品目前暫不可出售，而在商品主圖的下方有了一定數量的收藏量和人氣。

　　引用業內專業人士的分析來說，這種以預售的方式進行測款，主要就是依靠以下兩點：一是首頁寶貝的點擊率，並且透過數據魔方或者量子檢測等數據監測軟體來查看，並對商品進行分析；二是透過監測寶貝的瀏覽量、停留時間、收藏量和收藏率來對寶貝進行測款。通常，擁有強大潛力的商品通常在正式預售階段就會擁有較高的收藏量和點擊量，在很大程度上，這些流量都會轉化成為成交量。

　　藉由對商品的測款，能夠使店鋪經營者對商品更具有前瞻性，並且能夠有效地控制商品的潛在危機，從而在出售之前就能夠有效地進行合理控制。

圖2-6　預售寶貝詳情頁面

2. A/B test

　　A/B test是一種新興的資源優惠方式，如圖2-7所示。測試者在通過測

試後，能夠藉由結果對商品作出具有相對性的選擇。其實質就是根據可控實驗設置明確的要求和方案來取得明確的實驗結果，同時在這個實驗中保持其他因素的恆定。這種測試方式被運用到更多淘寶賣家的選款階段，這樣的方式更受買家喜愛，更容易售出商品，因而得到最好的銷售效果。

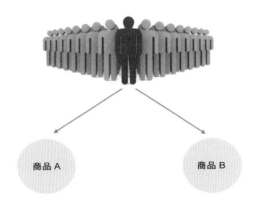

圖 2-7　A/B test

▍產品定位和布局

　　淘寶用各種活動將全網的營業額推至一個又一個高潮，在這個高交易的平臺上，淘寶每天新開店鋪的數量達到幾千甚至上萬家，同樣，每天因種種原因而關閉的店鋪也達成千上萬。這情況說明了，開店一定要有明確的「定位」，從店鋪的定位到店鋪中銷售的寶貝定位，從店鋪的裝修定位到瀏覽店鋪的人群定位等，想開店的商家都必須先具備。

1. 產品定位

　　在一家正常的淘寶店鋪中會上架出售很多種商品，但並非所有的商品都會對店鋪有支援的作用。根據調查，平均每一家店鋪有近 80% 的商品都不是作為全店主推商品，它們僅僅有跑龍套或者搭配銷售的作用，而剩下的為數較少的產品才是真正意義上的銷售主力軍。作為賣家，首先要區分

哪些商品是所有商品中的主力軍，而哪一些只能作為店鋪中參與打折、引流、饋贈等低價賤賣的商品，用這樣的搭配形式穩定主打產品的定價和庫存，並爭取好口碑和評論。

對於那些經營價格不菲的產品的商家來說，例如真金白銀、高端電子產品、珍貴特產的賣家，更要做好產品定位。如圖 2-8 所示，在設計產品的定位時，首要的出發點應該根據市場的供求來決定，然後是針對現在網路交易市場銷售的主力軍—購買產品的消費者，而最關鍵的一步就是選擇出習慣在網路上消費該商品的消費者，將其作為目標客戶而確定商品的定位。

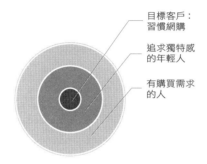

目標客戶：習慣網購

追求獨特感的年輕人

有購買需求的人

圖 2-8　產品定位增進圖

2. 產品的布局

產品布局相當於家裡的裝修，只有用可行的設計以及優質的材料，才能得到一個更令人賞心悅目的布局空間。在淘寶的店鋪管理中，賣家可以根據自身的喜好、創意和對店鋪以及商品等的定位來進行產品布局的調整，使買家在瀏覽產品時能夠感受到店鋪中商品銷售的整體特色，以及重點主推商品。

淘寶店鋪中設置產品布局一般是通過賣家中心→店鋪管理→店鋪裝修進行調整的，對於一些規模較大的店鋪來說，可選擇專業的店鋪布局範本來進行更便捷的處理。

市場定價

電商在銷售市場中脫穎而出，淘寶網則在電商中佔據重要的位置，這使得愈來愈多的賣家進入到淘寶平臺，使得許多商家銷售了同類商品，要想在取得銷售的不敗地位，首先需要確定的就是商品的市場定價，合理的定價才保障日後商品的銷量。

▌ 定價的參考要素

定價看似十分簡單，但實施過程中卻會受到來多種內、外部因素的影響。定價的成功是商品好賣與否的關鍵，因此必須全盤掌控影響定價的不同因素，將定價合理化，以兼顧獲利和人氣。

1. 外部參考要素

要想在一個廣闊的淘寶市場平臺上進行經營活動，首先一定要瞭解這個市場外在大環境的基本情況和性質，從市場出發，再結合自身經營的特點，將定價工作做得更完善。

(1)淘寶市場性質

淘寶市場採用電子商務平臺的銷售模式，是以企業對個人（B2C）或者個人對個人（C2C）經營模式的直銷平臺。從淘寶的市場性質來進行店鋪商品的定價，首先就要從所針對的銷售人群著手，考慮買家的消費人格和消費習慣。

由於不同的個人、社會心理等因素往往存在著顯著的差異。比如一些顧客使用完一些商品之後會有一次回購的習慣，針對這樣的習慣，在定價的時候就可以採取回饋客戶的 VIP 價格制度等。圖 2-9 所示為針對回購商品的買家所制定的價格，用這樣的方式，不僅能夠增強回購率，還能夠穩定一批老顧客。

圖 2-9　寶貝價格圖

除了主要針對顧客的消費習慣之外，還有一點就是要考慮整個淘寶銷售市場的大小，並且藉由市場中消費群體的大小，確定店鋪要經營的商品種類和銷售價格。

　　圖 2-10 所示為一款商品售前進行的預售消費者年齡層和收入水準調查，我們可以清楚地觀察到年齡階段二十到三十歲和三十到四十歲的消費者購買意願最強，而從薪資水準來看，薪資收入兩千元到四千元和四千元到六千元之間的消費者購買意願最強。由此統計調查可得出賣家所要銷售的商品的具體的買家群體，而用群體特徵的分析來制定出符合爆款銷售和買家容易接受的商品定價。

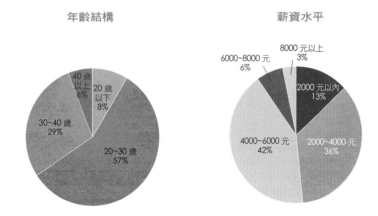

圖 2-10　不同買家分布圖

(2)市場競爭參考

　　在淘寶為廣大個體賣家提供的供銷大平臺上，銷售相同或者類似商品的賣家，因此在商品定價時便不得不考慮一個因素，即參考淘寶競爭對手所制定的商品價格，不至於盲目定價或高於同行定價，使買家望而卻步，或者因價格遠低於同行賣家，讓買家對商品心生疑慮。

　　圖 2-11 所示為在淘寶網搜索六個賣家對一款女包的不同定價，我們可以看到價格從一百多元到三百多元不等。在淘寶的廣大的零售市場上，這情況十分普遍，所謂「淘寶購物貨比三家」。

然而我們同樣會發現，商品價格愈低，銷售情況愈好，稍高價的也會有一定交易量，因此，以商品作為定價的基準再配合適當的合理定價，能有效推動商品出售的完美市場定價。

圖 2-11　不同賣家的定價和銷售對比

2. 內部參考要素

　　外因是事物發展的推動力，而內因是其發展的根本原因，除了對外部影響因素進行適當的參考之外，更重要的是以自身的店鋪為出發點，以店鋪經營路線為定價標準等來制定店內商品的價格。

(1)銷售策略和路線

　　不同的店鋪形象和商品性質會有著不一樣的銷售策略和路線，透過這種的方式會產生不同的商品定價。例如，一些經營高端商品的賣家，在店鋪中出現名牌商品，定價時就要與普通商品的定價作區別，才能夠向買家顯示出自身品牌價值；反之，一些較時尚或者是「接地氣」的商品，就

要利用價格便宜的優勢來打開更廣闊的銷路。要想在商品銷售上長期經營的話，就要以商品的銷售路線來規劃商品價格的變化，但在這些價格變化中，要注意不可大幅度地升或者降，避免讓買家特別是已經購買了商品的買家覺得店鋪對商品價格有隨意性。

(2)商品的形象

大部分賣家在市場與買家心中打造良好商品形象上花費許多功夫，並以形象藉由口碑形式進一步銷售商品，同時也能打造出口碑良好的店鋪。對於商品的定價參考來說，同樣也會因形象的好壞有所影響。通常來說，擁有眾口稱讚商品形象的寶貝，或有一定歷史和口碑的寶貝，可適當地將定價調高。例如主要經營牛仔系列產品的李維斯品牌所打造的牛仔褲，如圖 2-12 所示，和同樣是品牌貨的其他牛仔褲定價相比就高了些，這便是商品形象為定價帶來的優勢。

圖 2-12　店鋪品牌廣告圖

基本定價方法

不管是現實市場的定價還是網上銷售的定價，都要遵循穩定性、目的性和獲利性的定價三大原則。應保證在一定時間之內，商品價格不會出現較大幅度變化，尤其是降價，讓買家覺得價格隨意性太大。定價方法可因

時因地制宜，抓住固定的買家群體，並且在這個過程中充分確保身為賣家的利潤等，都是藉由定價方法得到的。因此，在平臺上打造熱銷的爆款，首要的一點就是要詳細地瞭解不同的基礎定價方式，再從中找到最適合自身店鋪發展的定價方法。

1. 安全定價法

安全定價法是淘寶絕大多數中小賣家所採用的定價方式，以穩妥的定價來確保穩妥經營，將商品的定價定為市場中最折衷的價格，在減少不必要競爭風險的同時回收短期內投入的資本，並獲取適當利潤，以保證店鋪的持續經營。這樣的定價方式更適合於商品自身為店鋪中較普通的商品，用這種穩健的長線銷售方式來鞏固店鋪經營。

2. 分割定價法

要在淘寶市場中打造一款令人驚歎的爆款，除了玩轉商品本身來達到吸引更多買家注意力之外，另一種方式就是以數字的方式來將商品價格制定得更加吸引人。圖 2-13 所示為一家銀飾店將店內寶貝價格進行數字的拆分，用單價的形式對寶貝定價，再在寶貝發布上設定出不同重量的飾品分類，讓買家先被商品低廉的單價吸引，然後以詳細的飾品大小來確定所選擇飾品的最終價格。此種定價方式能在最短的時間吸引買家目光，也能將商品的定價劃分到最細，使買家對商品的價格一目了然。

圖 2-13　採用分割定價法的寶貝價格

3. 數字定價法

很多情況下，消費者會根據自己對數字特定的要求或者特殊的情結來要

求商品價格的具體數字。在中國傳統文化中，代表吉利的數字通常有：5，代表富有；6，代表六六大順；8，代表發；9，代表長久。因此，利用數字定價法就應該選擇這些比較吉利的數字。圖 2-14 所示為淘寶賣家銷售的水晶手串，這些手串都選擇了吉利的數字作為定價，讓一些對水晶格外偏好的買家對價格無可挑剔。這樣的定價方式可以有效地避免買家對商品討價還價。

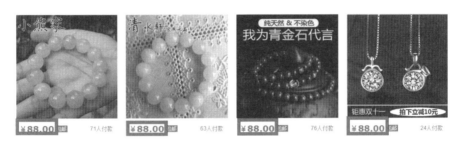

圖 2-14　採用數字定價法的寶貝價格

4. 折扣定價法

折扣定價法是藉著減少商品的利潤來促進銷售的定價方式。這種定價法可有效地增加店鋪的銷售量，還可以帶動其他商品的銷售。買家通常最喜歡這樣的定價法。對於打造淘寶爆款來說，這種定價方式會刺激銷量，是很多想要打造爆款的賣家所採取的定價方式。淘寶網有一個專供賣家將商品打折的平臺叫作「聚划算」，如圖 2-15 所示。在這平臺上，所有商品都是以強力的折扣或團購的低價形式出現的，因此很多買家會將更多的注意力放在這個以折扣定價商品的購物平臺上。

聚划算　首页　整点聚　品牌团　量贩团　聚名品　生活汇　旅游团　特卖汇　环球闪购

圖 2-15　「聚划算」首頁分類

5. 寶貝組合定價法

所謂的寶貝組合定價法就是將商品的價格設定得不一樣，但是用組合購買的方式能夠使買家所需支付的價格變得更低。例如，只購買一件或者

兩件商品只能得到商品九折的價格，但是購買三件或三件以上的商品就能得到更低的折扣。這樣的定價方式無形中「強制」買家心甘情願地購買更多商品，在一定程度上達到了促銷效果。圖 2-16 所示是一家以寶貝組合定價的方式進行銷售的店鋪，購買一套衣服比起單件只多付了約二十元，這便會讓絕大多數對該寶貝有購買傾向的買家選擇購買整套有優惠的商品。

圖 2-16　採用組合定價法的寶貝價格

這樣的定價法可以有效地幫助賣家銷售一些人氣不是很高的商品，用組合方式來推動單品的銷售可以大大提高店鋪的銷售量。

6. 成本加成定價法

成本加成定價法是以成本為基礎，以計算期望的利潤來制定的定價法，這種方式是淘寶多數賣家採用的方式。該定價方法以進價成本設定出每一件商品的銷售價格，即價格＝單位成本＋單位成本 × 成本利潤率＝單位成本（1+ 成本利潤率）。以這種方法來設定的價格會規避因市場震動所帶來的對商品銷售的不利影響，使賣家穩定在正常的價格市場中，得到穩定的商品收益。除此之外，因為價格制定得較為穩健，在同行中不會存在較大的價格競爭，也會為買家在對比商品時帶來一種公平合理的感覺，大大增加買家的信任感，商品本身更容易被買家所接受。

7. 同價位定價法

同價位定價法是指將店中所出售的寶貝的相同種類設定為一個價位，

這不僅使賣家在定價的環節更方便，也可以減少買家對商品的討價還價，使整個店鋪的商品價格一目了然。這樣的定價方式通常適用於一些具有剛性消費的產品上，但不適用於那些需求彈性較大的商品。

在將商品進行同價位的定價之後，使用店鋪商品分類，具體詳細地展現價格的分類，使商品價格更清晰，有利於顧客選擇。圖 2-17 所示為一位賣家將店鋪商品的價格分為幾個區間進行歸納，讓買家以價位為商品選購的首要參考目標，適當地以商品價格來吸引買家的注意力。

店鋪活動	5元以上	3-5元	2-3元	1-2元

所有宝贝　5元以上

适用年龄：　3周岁以上(44)　　6周岁以上(3)

是否有导购视频：　无(38)　　有(4)

儿童玩具价格：　10-30元(12)　　10元以下(6)

圖 2-17　同價位寶貝分類圖

8. 階段性定價法

任何事物都有其從新生、成長到衰退的時期，在這些階段，價格也會有不同的發展變化，階段性定價法正是根據這樣的變化原理，對商品銷售的不同時期分別制定不同的價格。

當商品新上市的時候，為了吸引消費者的目光以及成功將商品推出市場，可以採用相對較低的促銷定價方式來全面地將商品滲入市場；商品處於成長期，正是愈來愈多的人瞭解商品的時候，在這一時期，商品的銷售量增長迅速，帶來的利潤也大大增加。

此時是以保證店鋪的目標利潤和目標回報率來制定商品定價的策略；進入成熟期，商品的市場飽和度達到了一定的值，銷售量到達了一定的頂點並開始出現回落，在這一時期，淘寶市場中該寶貝的仿製品和替代品日益增多，有愈來愈多的競爭對手浮出水面。因此這個時期的定價方式應該以穩健的策略為主，以自身寶貝的銷售情況和顧客回饋等為參考，適當地降低商品價格來保證銷售量的穩定和競爭力。但需要注意的是，此時不可

大幅降價，以免產生店鋪之間的價格戰而導致店鋪的虧損。

商品進入衰退期時，商品的市場占有率和銷售量已大幅縮減，在這個時期，可以採取的商品定價方法就是維持或者降低商品的定價。選擇維持商品原有定價是因為該商品累積了一定的顧客，有較為穩定的客源，同時維持原價的方式也能夠在買家心中留下一個良好的店鋪、商品印象。

當然，在維持原有定價的時候也需要考慮商品自身是否能夠滿足消費者的需求，並在這個充斥著競爭產品的市場中保證充足的供應量。選擇降低商品的定價則是為了以價格競爭的方式提升商品的競爭力，而重新搶占市場，來保證銷售的交易量和資金的回籠。

9. 習慣定價法

習慣定價法是針對一些已經在淘寶市場上形成應有銷售價格的商品，這些商品銷售時間普遍較長，被廣大買家認可並接受。例如在淘寶市場中，手機衍生出來的附屬產品，如手機貼膜、手機防塵塞等，在淘寶網中普遍的價格為幾元到幾十元之間，其中定價為幾元的在市場中的銷售量是最高的，更多的買家都會去購買這樣定價的商品，而價格過高的商品，其交易量則不高；定價過低也會使買家對商品自身的品質產生懷疑，並不利於店鋪的發展。

圖 2-18 所示為定價相同的手機貼膜，而從其所反映的付款數量我們能夠看出，這樣的定價一定是被多數買家所接受並習慣的，因而能夠更好地促進商品的銷售；圖 2-19 所示分別為定價很高和定價很低的貼膜，可以看到銷售量都不盡如人意。由此看來，一些被廣大買家廣泛接受的商品，需要採用的便是習慣性定價方式，以習慣來贏得銷量的勝利。

圖 2-18　採用習慣定價法的寶貝定價

圖 2-19　寶貝的定價

▋定價法則

　　在淘寶中，定價法則是指賣家根據市場中，不同變化因素對商品價格造成不同程度的影響而採用的定價法則。一般來說，賣家對商品所運用的定價法則會對買家心理造成不同程度的影響，而這樣的買家心理也會直接影響購買意向，因此要想價位準確、讓買家產生下單的欲望，就要權衡定價法則。下表所示為品牌、管道、概念、目標、產品屬性、服務、時代概念與淘寶商品價格之間的關係。

因素	與價格之間的關係
品牌	認知度、好感度、清晰度
管道	管道長短、密集程度
概念	消費群體數量的多少
目標	利潤的轉化、所需獲得的結果和最終完成的時間
產品屬性	產品的屬性、原料的屬性
服務	服務的增值感、對轉化率的影響
時代概念	時代觀念、時代情感、創新意識

1. 高價位定價法則

　　高價位定價法則是藉由將商品價格定位高於其他店鋪商品價格的一種定價法則，它的出現主要是為了滿足一些追求服務品質、商品附屬享受等買家

的高攀心理。這樣的定價法則不僅能夠使賣家在一定的時間內取得較高的利益，同時商品的高價格也能為買家帶來求新求異等區別於大眾的消費心理。

(1)以商品為首要考量

絕大多數買家在購買商品時都會潛意識地認同「一分錢，一分貨」、「便宜無好貨，好貨不便宜」等觀念，這印證了現代交易觀點裡面的價值效應。這樣的購買心理使得買家通常將較高的商品價格看作是品質的保障，特別是一些擁有著國際化或者高端的商品品牌的寶貝，更是會給買家帶來「貴的就是好的」的消費觀點。在這樣的商品條件下，高價位定價法則便營造了一種優質商品的特點。

圖 2-20 和圖 2-21 所示的是一位賣家銷售的名牌手袋以及寶貝的評價，這樣的價格在整個淘寶箱包類裡算得上是價值不菲，但是我們可以看到，仍然有很多追求品牌帶來的高品質的買家購買了這款手袋，並且寶貝得到的好評數也多。由此可知，對於有品質保證的商品，利用高價位定價法則進行定價是十分可行的。

圖 2-20　採用高價位定價法的寶貝價格

圖 2-21　寶貝的評價

(2)以買家心理為主要考量

愈來愈多的買家在消費購物的時候都希望自己購買的商品是獨特唯一的，市場上沒有那麼多的同款出現。想要達到這樣的效果，便可以採用高定價法則，以高價來限定銷量。

當然，以這樣的方式進行定價更適合一些已經累積了聲譽和買家的店鋪，對中小賣家反而會導致聲譽降低，並不太適合。圖 2-22 所示為一家接受私人訂製的鑽石級店鋪，可以看到寶貝是根據高價位定價法則進行定價的。用這種方式定價不僅體現了商品本身的質感，更是完美地向買家展現了商品的獨特性，同時也充分滿足了買家的「獨占」心理。

圖 2-22　私人訂製的寶貝價格

(3)以服務水準為主要考量

對很多商品而言，除了自身所蘊含的價格外，也有著一定的附加價值，例如所蘊含的售後服務、再次購買的大力回饋等，用提高商品的價格來彰顯相關的服務水準，能增加買家對商品及店鋪的依賴性，更容易藉由口耳相傳的方式為商品和店鋪帶來口碑。

圖 2-23 所示是淘寶天貓平臺上一家以服務著稱的堅果類店鋪和顧客之間的日常交流圖。在該店鋪諮詢消費的買家都能從每一次的阿里旺旺交流中感受到親切服務，即使比對了其他更低價格的商品，也仍然會選擇在這家店鋪購買。這便是以較高的服務水準為賣家定價帶來的優勢之處。

圖 2-23　阿里旺旺交流圖

對於高價位定價法則來說，選擇時一定要根據自己店鋪和所銷售商品的實際情況來慎重考慮，當店鋪與淘寶中其他店鋪有著強烈的對比差異，所銷售的商品有著非同尋常的賣點時，可以選擇高價位定價法則，否則，較高的價格不易促成交易，同時也會讓部分買家望而卻步。

2. 低價位定價法則

低價位定價法則是指制定較低的商品價格，正是因為商品價格較低，因此某種程度上會使得商品具有較強的競爭力，這也是許多大型銷售市場選用的零售模式。然而，並非一切商品適用低價位定價法來進行定價，其中仍有很多因素會影響該法則的具體實行。

(1)以商品的周轉和流動為考量

對於賣家來說，銷售商品最重要的就是考慮店鋪中商品的周轉和流動性，愈是一件周轉迅速和高流動性的商品，愈能使店鋪的整體銷售具有較高的活力，也說明這是一件深受廣大淘寶買家喜愛的商品。

對於具有這種品質的商品來說，就可以選擇低價位定價法則來制定商品價格，藉由商品流動周轉的迅速來帶動源源不斷的利潤，這樣的方式多半會地出現在一些小商品的定價上，如圖 2-24 所示，以低價促進商品的周轉和流動性。

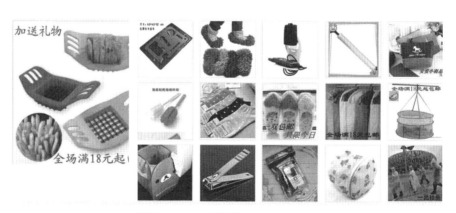

圖 2-24　價格較低的小商品

(2)以商品的成本為考量

商品成本是買賣關係中十分重要的因素，在賣家對商品做一系列相關的制定思考時都會以其自身的成本為最主要的參考依據，因此，在考慮商品以低價位定價法則時，就應選擇成本相對較低的商品。

通常來說，具有較低成本的商品首先應該以批量生產為源頭，同時應該以店鋪經營所需的較低業務成本為支撐，來確保以低價位定價法則制定商品價格後的獲利。

(3)以買家的購物心理為考量

經濟學原理的供求關係中，要求每一位賣家都要以買家的購物心理和消費習慣作為銷售的基本要素。買家在購買商品時通常會考慮：商品的品質是否為正品、商品品質、商品定價是否划算等。因此，採用商品的低價位定價法則，主要在於滿足消費者對於價廉物美商品的購物心理，但賣家必須確保商品的品質有超過定價的價值，來維護消費者對商品和店鋪的誠信度，用優質的價格來提升店鋪的信譽。

低價位定價法則對於店鋪中商品的促銷有著強有力的推動作用，當然也會因為其價格的低廉對賣家的收益造成或多或少的影響，那麼是否採用這樣的定價法則，取決於賣家以供貨和銷售為主要參考的衡量方式。

不管是高價位定價法則還是低價位定價法則，總會受到很多因素的影響，如圖 2-25 所示，這些因素在某種程度上會使賣家在具體定價的時候陷入一些誤解，誤以為價低就能取勝，價高永遠也賣不出去；跟風就能搶到果子吃；商品定價無關緊要等。

而要想避免這樣的誤解，真正以價格在淘寶平臺上競爭勝出，就需要賣家根據定價法則的不同特徵，參考自己店鋪中所出售的寶貝和經營現狀來定價，注重商品的成本，減少並避免和競爭對手進行長期的價格戰，注重團隊的觀念和產品價值的觀念，並且擁有正確的商品價值導向。

圖 2-25　影響定價的因素

定價小技巧

若將開網店稱作是一門藝術，那麼給商品制定合理的價格就可以說是藝術中的藝術了。如何以用價格吸引更多買家，除了定價法則和方法外，賣家還需要掌握定價的一些小技巧，透過這些技巧，以具體漲或者降的價格策略推進商品的銷售。

1. 利用黃金分割法的定價技巧

黃金分割法即 0.618 分割法，衍自於數學比例關係，將整體分為兩個部分，較大部分與整體之比約為 0.618：1。如圖 2-26 所示，較長的一段為全長的 0.618，而這個數字也被公認為世界上最具有審美意義的比例，也是最能夠引起人產生美感的比例，故將其稱為黃金分割。

在淘寶的定價中，透過黃金分割的方法進行商品的定價，能夠有效地站在買家的位置，設定出在同類商品的適中價格，讓買家以價格產生一種擁有商品中間價的信賴感。

下面通過搜索淘寶中的商品，並取不同

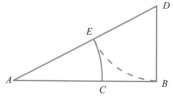

圖 2-26　黃金分割圖

價格作為黃金分割法的案例來呈現在具體定價時的技巧。圖 2-27 所示為淘寶中銷售的韓版帽子，圖中所截取的四頂帽子價格少則二十幾元，多則近一百元，這些不同價格的帽子會使很多逛淘寶的買家摸不清帽子到底應該值多少錢，對正在為帽子定價的賣家也造成了困擾，定價太低會使銷售的帽子在淘寶市場中不受買家的信任，定價太高又會流失一些客戶。此時，正在定價的賣家就可以根據黃金分割法對自己的商品進行定價。

我們以人氣排序的方式重新對韓版帽子進行排序搜索，得到的四頂帽子的價格分別為 16 元、6.8 元、14 元和 19.5 元，如圖 2-28 所示。然後套用黃金分割法定價的公式：最低價＋（最高價－最低價）×0.618 ＝定價價格，可以算出由這四個價格算出來的數字約為 14 元。

圖 2-27　寶貝的定價

圖 2-28　按照人氣搜索的寶貝定價排列

接下來在搜索欄的統計柱狀圖上選擇最多買家喜歡的價位進行寶貝的搜索，搜索出來的價格分別是 13 元、19.5 元、18.8 元和 19 元，如圖 2-29 所示，而用黃金分割法算出來的 14 元也正位於其中。從整個淘寶銷售韓版帽子的整體定價來說，計算出來的價格是比較合理的，賣家可以根據經營中的具體情況以算出的價格為基礎，適當提價或者適當降價來滿足店鋪的經營要求。

圖 2-29　選擇多數買家喜歡價格後的寶貝定價排列

2. 促銷活動的定價技巧

　　通常，有了促銷活動就會有吸引消費者注意的賣點，並且用這種方式的設定也可以促進銷售、增加店鋪資金流動的速度，更有效地促進店鋪經營活動的發展。對於促銷活動定價法來說，它所擁有的靈活性和多變性也十分適合淘寶平臺上使用。

(1)大型節日促銷定價

　　在淘寶網銷售平臺上，也會和現實賣場同步地開設一些節日促銷活動，最常見的有春節優惠、勞動節和國慶日的優惠、父親節和母親節的優惠、婦女節和兒童節的優惠，以及近年來興起的節日促銷活動優惠，如

「雙十一」和「雙十二」全場包郵和半價等。圖 2-30 所示為淘寶「雙十一」
各賣家做的宣傳頁面。

圖 2-30　淘寶「雙十一」活動廣告

　　藉由節日制定的商品的促銷活動價格，有利於養成消費者的固定消費
心理，同時利用促銷活動與定價策略有效地提昇超越日常的銷售額，並且
去除店鋪內的商品庫存壓力。圖 2-31 所示為賣家在「雙十一」中以雙十一
價銷售商品得到的部分銷售記錄，我們可從頁面顯示的交易記錄中看出，
在節日之前或之後，所有的成交記錄都遠遠小於以節日定的促銷價所形成
的交易量。用節日的促銷價格能大大增加買家的購買意願，還能夠大大縮
短用戶下單的時間。

3**e (匿名) 💎💎🏮	默认	1	¥18.00	2014-11-12 00:50:56
糖**0 (匿名) 💎💎💎🏮	默认	1	¥16.00 促	2014-11-12 00:44:30
a**x (匿名) 💎🏮	默认	1	双11价	2014-11-12 00:07:19
便**啦 (匿名) 💝💝💝💝🏮	默认	1	双11价	2014-11-12 00:01:47
x**l (匿名) 💎🏮	默认	1	双11价	2014-11-11 23:58:18
l**6 (匿名) 💎🏮	默认	1	双11价	2014-11-11 23:57:12

圖 2-31　「雙十一」活動前後價格

(2)店鋪活動定價

店鋪活動定價有著強烈的自由性，讓賣家以最自由的方式將店鋪中的商品進行定價，這樣的方式常出現在店鋪的週年活動、買家 VIP 活動、店鋪等級升級的活動等。透過活動，使店鋪不受其他任何門檻條件的限制，同時也能夠增加店鋪的活力，以店鋪的魅力來進行定價的調整，使更多的買家關注並購買商品。

圖 2-32 所示為一家專門經營蘋果手機殼的店鋪活動頁面介紹，這個活動運用了可愛圖片與文字效果，進一步提高了買家對店鋪的關注率，藉著富有特色的店鋪和品牌性質提升其識別度，透過精緻的活動頁面讓眾多的買家減少對商品寶貝價格的關注度，同時增加他們對活動的關注。

店鋪活動定價為賣家在商品價格上的制定提供了便利，以活動為主打，配合適當的調價，就可營造出一種與之前單純售賣截然不同的銷售效果，特別是極富創意和構思的店鋪活動，更能吸引眾多的買家。

圖 2-32　店鋪活動廣告

(3)店鋪上新定價

抓住店鋪上新 (新款上市)，是打造一款具有高人氣和銷量寶貝的重要一步。新上架的寶貝往往缺乏人氣，顧客也因為購買心理的影響而不願意成為首先嘗試新品的第一人，因此其銷售量和轉化率總不如其他商品。這個時候就可以利用新品上市的新鮮時機，對商品的價格進行一系列調整或者是調換銷售策略來增加寶貝的銷售量。圖 2-33 所示就是一家對新品進行

打折定價的店鋪，它透過首頁對想點擊進入店鋪中的買家進行宣傳。

圖 2-33　新品寶貝發布定價廣告

　　還有一些店鋪採用的是對新品的批量定價。例如第一批 50 元包郵，僅限 100 件；第二批 55 元包郵，僅限 500 件；第三批 60 元包郵，僅限 1000 件。巧妙地利用新品的新鮮性和數量的限定來促進商品的銷售，讓買家感受到此時買進新品最划算，提高了商品下單轉化率，同時也營造出商品供不應求、該迅速下單的感覺。

(4)清倉換季定價
　　絕大部分的商品都有過季或者斷碼的現象，對於賣家來說，面對這樣的商品，便可以用價格的延展性來重新規劃和定價，以幫助商品的銷售。一般的情況下，很多買家對於清倉換季的商品存在特殊的購物情結：划算、值得購買，因此對店鋪中換季或清倉甚至是銷售不好的商品來說，賣家利用對應的定價方式，巧妙地更改價格便可以大大提升之前銷售不太好的商品。運用這樣的定價小技巧，轉虧損為獲利，以低價來贏得更高的動態。

3. 玩轉數字的定價技巧

存在於買賣交易中的一個元素就是數字。在很多賣家眼中，數字只是衡量商品價值的一個符號，除此之外沒有更多的作用，所以忽視了數字對商品銷售時的重要影響，這些影響對消費者的購買心態來說有十分重要的作用。因此，賣家絕不能忽略數字對商品銷售的影響，而是要學會計算，對店鋪的經營和商品的銷售都做到心中有數。

(1)整數定價法

整數定價一般以 0 為尾數，利用的是買家的「一分錢一分貨」的消費心理。針對消費者求方便、整數好付款的消費要求，同時在眾多定價不同的商品中，以整數定價的商品總會給買家帶來簡潔的感覺。這樣的定價方式最常出現在具有高端品質或者品牌的商品中，而很多零售巨頭定價中最常見的也是以整數為商品價格的定價。

圖 2-34 所示是一款高端品牌手鐲，它採用了整數定價的方式。整數定價能夠直接向買家展示出商品的高端性和品牌性，讓買家覺得擁有這個品牌的手鐲就是應該值這樣的定價。這樣的定價方式在一定程度上也為買家整存提供便利性。

圖 2-34　採用整數定價法的寶貝價格

整數定價法除了針對一些高品質的商品的定價之外，還針對一些銷售

量很大的小商品，例如散裝並且以零售的形式進行銷售的小零食等，以這樣的定價方式能夠以「節省」的購物方式提升買家的購買欲望。

(2)非整數定價法

在商品定價中，非整數定價法是指商品價格最後一位數不為「0」，並且以接近整數的方式來設定最後一位數字。一般來說，採用這樣的非整數定價方式會給消費者一個價格低、價格向下的直觀感受，能充分迎合消費者希望商品實惠、合算、便宜的常見購物心理。

這種定價方式常出現在購物市場裡。例如，兩家銷售同樣商品的定價分別為 99.9 元和 100 元，消費者在進行選擇的時候通常會更傾向於前者，在認同該件商品低價的同時，也滿足了自身的一種成功購物的消費心理。但對於採用非整數定價的商品來說，更為適合的為日常較為常見的商品，並且以價值較低、更容易被消耗的商品為主。

除此之外，使用非整數定價方式制定出的價格，其最後一位數通常大於等於 5，這些數字不僅包括了許多消費者認為較吉利的 6、8 和 9，更多的因素便是因為價格能夠「去整為零」的視覺和心理感受。

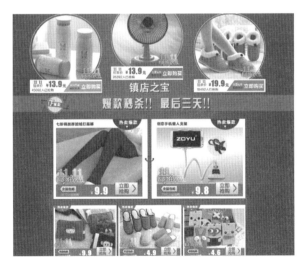

圖 2-35　採用非整數定價法的寶貝價格

圖 2-35 所示是一家採用了非整數定價法定價的小商品的店鋪，其銷售的商品價格最後一位數基本上都選用數字 9，雖然與整數的價格十分接近，但是卻帶給買家一種更加實惠的消費感受，因而大大增強了買家的購買欲望。

(3)去整為零

去整為零的定價法主要是針對一些可以將分量、長度、個數拆開來賣的商品，以拆分的方式來降低首次映入買家眼簾的較高商品價格。圖 2-36 所示是將所銷售的繩子進行以公尺為單位的拆分定價，這樣的方式首先對於賣家來說能夠更好地銷售店鋪中的商品，同時也能夠滿足買家只需要部分商品的購買狀態。

圖 2-36　採用去整為零的寶貝價格

設計客戶體驗

客戶體驗也叫使用者體驗，代表著用戶在使用所購買的商品後最直接

的感受，而這種體驗在互聯網、電商產業中得到了高度重視。對於電商來說，店鋪是否可以良好營運，很重要的一點就是用戶轉化率，只需透過用戶查看商品後簡單地敲擊鍵盤或者點擊滑鼠就能形成最終的結論，在這樣的結局下，客戶體驗便愈發成了互聯網、電商公司留住客戶的關鍵競爭力。

▍消費者接觸點

不管是品牌還是商品的宣傳和推廣，最重要的是與消費者之間的接觸。對於很多的淘寶商家而言，要將商品更好地展現在店鋪的每一頁上，透過代言人、視覺包裝、媒體平臺的各種宣傳等，但最終商品的好與壞卻是用消費者在拿到商品後的印象、使用後的感受等對商品的接觸點來判斷的，因此重視消費者接觸點就是對商品自身的設計生產、選款挑款等環節最好的監督。

1. 店鋪品牌的深刻瞭解

要想做好消費者接觸點，必須要對經營的淘寶店鋪以及銷售商品有著深刻的瞭解。一家成熟的淘寶店鋪，總能以商品為本，向買家傳遞一種只有本店鋪才擁有的風格和形象，同時藉由自身不斷的完善和管理，為買家帶來更好的服務品質以及銷售保障。

2. 消費者溝通

不管商品前期宣傳得有多好，店鋪、賣家對商品的投入有多高，最終買產品、使用產品的還是消費者。目前，銷售行業中普遍存在了與消費者脫節、只顧著商品而忽視消費者資訊、極少與消費者溝通和互動的現象。在很多情況下，特別是在利用網路進行交流溝通而進行交易的淘寶平臺，要做到多與消費者溝通，摒棄簡單的買賣關係，更多地傾聽消費者的聲音，多進行網路環境上的互動，不斷將消費者的接觸點擴充到店鋪中力所能及的每一點上。

▎電商 VIS

VIS（Visual Identity System，視覺識別系統），俗稱 VI，是公司系統的重要組成部分，是將企業理念、企業文化運用整體的傳達系統，並且透過標準化、規範化的形式語言和系統化的視覺符號傳達給社會大眾，具有突出的企業個性，能夠充分塑造企業形象。對電商而言，能夠進一步使得消費者瞭解店鋪以及對店鋪產生興趣，最直觀的方式就是靠著這一點。正是藉著 VIS，能夠將店鋪最基本的要素以及商品銷售的相關方針有效地提煉，形成企業的一種專屬形象，這樣便對店鋪的推廣和產品在市場中的推進有最直接的作用。目前，有愈來愈多的淘寶電商重視 VIS，並設計、製作 VIS。

1. 淘寶店鋪形象

在淘寶中，店鋪形象指透過店鋪的各種標誌符號而建立起來的對店鋪的總體印象，是電商建設的核心。店鋪形象是店鋪精神文化的一種外在表現形式，透過廣大買家與關注者在和店鋪的接觸過程中形成對店鋪的總體印象，這種印象是直接通過人體的感官傳遞獲得的。

圖 2-37 所示為買家選擇淘寶店鋪的構成要素，從圖中我們不難發現，在總共五項構成要素中，有四項都是透過選擇商品後得到的感受，只有一項是藉由對店鋪的直觀感受來選擇這家店鋪進行購物和消費的。可見擁有一個切實可行的店鋪形象，對顧客的有效固定和商品的銷售是十分重要的。

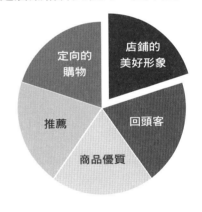

圖 2-37　店鋪的構成要素

(1)店鋪的名稱

響亮而好聽的店鋪名稱是打響店鋪的第一步，同樣也是讓更多的買家能夠記住店鋪最好的方式之一。優質的店鋪名稱是一種感官感受，讓買家形成對店鋪的第一印象。設計店鋪的名字前，首先要記住網店取名的三大

要素：好聽好記有特色；與所售物品有一定關聯；名稱吉利。縱觀全淘寶網經營得很好的網店名稱，很多都是與所銷售商品有關的諧音來命名。例如，一家專門經營以棉質為主要面料的文藝復古女裝的店鋪，如圖 2-38 所示，名為「棉敘」，諧音為「棉絮」，同時也利用「敘述」的詞意將店鋪寶貝與店名相關聯，更利用中國博大精深的字詞將店鋪想要帶給買家關於店鋪的話語和其他意涵，以店名的形式體現了寶貝，可謂是店如其名。

圖 2-38　店鋪名稱

用一些取巧的方式將店名起得新穎，能以最有效的方式使廣大新舊買家記住店鋪，能夠增進淘寶的搜索量與轉化率。

(2)店鋪 Logo

Logo 是一家店鋪最明顯的標誌，一個好店鋪 Logo 能夠成為店鋪中，甚至是全淘寶網中獨一無二的標誌，同時也能彰顯出店鋪設計的創意。對於當前的很多消費群體來說，一個店鋪的 Logo 設計的好壞會直接影響買家第一眼對店鋪的整體感覺，而往往第一感覺便會影響消費者是否會點擊進入店鋪中進行具體的查看。我們查看一些被評選為美好店鋪的網店分類匯總中可以觀察到，這些經營得比較好、並且累計了一定人氣的淘寶店都有一個共同特點，就是其設計的店鋪 Logo 都十分有特色，讓人有點擊查看的欲望，如圖 2-39 所示。

圖 2-39　出色的店鋪 Logo

　　店鋪 Logo 的設計，最重要的一點還是要和店鋪內所銷售的寶貝有著共通的地方，可以與寶貝有著一樣內在特性聯繫的文字和圖片，也可以選擇所銷售的寶貝為主要店鋪形象而產生的 Logo。圖 2-40 所示是一家專營手工古樸質感的手工店，其店鋪的 Logo 對應著店鋪的名稱，同時用小篆的寫法變形的 Logo 形式，襯托出店鋪所經營的寶貝同樣具有古樸素淨之感。

圖 2-40　店鋪縮覽圖

(3)文字語言宣傳

　　一個成功的淘寶店鋪依靠的不僅是響亮的店鋪名稱、個性的 Logo 等，另一個能夠充分打造店鋪的形象、營造出更具視覺鑑別力的淘寶店鋪的方式就是在店鋪頁面（首頁面）中用具體的文字語言來宣傳。一些賣家會利用

文字語言來說明銷售寶貝的相關介紹和推薦，而另一些賣家則會以這樣的方式進行店鋪或者是內心想法的獨白，如圖 2-41 所示。

圖 2-41　賣家文字

　　文字語言可把所銷售寶貝的情況更清楚地展示給買家，更能拉近賣家和買家之間的距離，讓兩者在文字的聯繫中找到更多相互吸引的地方。而文字在一定程度上也跨越了距離，將網路交易、依靠著鍵盤敲擊而聯繫的距離縮短，透過虛擬的世界找到懂得欣賞店鋪中的商品和店主風格的人。因此，對於淘寶店鋪來說，必要而適當的文字語言是不可缺少的視覺展現點。

2. 產品形象

　　在電商 VIS 中，除了店鋪的視覺形象打造外，消費者更關注於寶貝的視覺設計。有特色的店鋪或者是銷量好的店鋪，往往都將自己所銷售的寶貝打造出具有吸引買家目光的視覺感，而商品的視覺形象也會對商品的銷售價值以及店鋪獲利帶來重要的影響，達到連帶推動作用。如圖 2-42 所示。

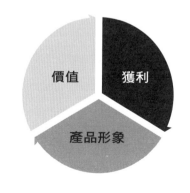

圖 2-42　產品形象的推動作用

(1)寶貝整體風格

在淘寶中擁有一個整體的寶貝風格，能夠使店鋪顯得更加專業，也能夠顯示出賣家對寶貝和店鋪的重視程度，這就加大了買家對寶貝的購買欲望。對於寶貝整體風格的把握，不僅要在前期拍攝時選擇一種風格、場景或者道具，在後期處理的時候也要使用到相同的色調或者明暗等因素，盡可能使寶貝圖片出現在買家面前時達到統一的視覺效果。

圖 2-43 所示是將店鋪定義為中國風的賣家將寶貝以木質道具為背景，簡潔地突出寶貝自身的質感，同時以微距拍攝的方式呈現出將每一件寶貝的具體細節。在將這些具有相同主體風格的寶貝平鋪陳列在店鋪的頁面上時，除了將要銷售的商品之美展現以外，更凸顯出寶貝的質感，讓買家覺得這些寶貝應該是經過賣家精心挑選的，從而提高這些寶貝的價值。

以這樣的方式來提高商品的介紹，或許在前、後期增加了相對的工時和人力，長期而言卻為商品本身和店鋪帶來了更多利益，也能夠讓進入店鋪中瀏覽的買家對商品和店鋪留下更深刻的印象。

圖 2-43　寶貝整體風格

(2)設計風格

當買家入店後，多數情況下的第一眼都聚焦在對寶貝的設計風格上，特別是針對一些原創或手工的店鋪。而不一樣的設計風格會吸引一批與店鋪原創人員有著相同審美觀的客戶，形成老買家群體。往往有著專屬設計風格的店鋪和寶貝，在對比不具備這樣條件的同行店鋪來說，會顯得更加專業和成熟，增加買家的信任感，在這種信任感的演變下催生出寶貝更多的利潤。

圖 2-44 所示是一家銷售周邊店鋪銷售的類似的手機寶貝，相比之下會發現，將寶貝進行一定設計後，從人氣、銷售或者是寶貝的定價上都有較為明顯的差異。因此，將寶貝按照一定的設計風格來設計製作或者拍照，對店鋪的經營有舉足輕重的作用。

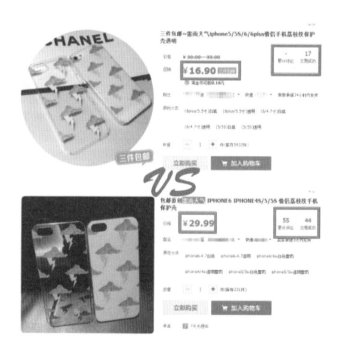

圖 2-44　寶貝價格對比

第 3 章
爆款關鍵字流量入口布局

每一件淘寶中熱銷的寶貝，勢必都會有一個由有效關鍵詞組成的寶貝名稱，這些關鍵字，能讓買家在自然搜索時輕易地找到到寶貝及寶貝所在的店鋪，一方大幅提高店鋪的流量，同時也為店鋪帶來更高的轉化率。

關鍵字的設計和選擇不能隨心所欲，必須透過全網的數據監測和統計，並結合寶貝的特色與賣點的提煉，歸納成為店鋪寶貝名稱中的關鍵字。

關鍵字策略

一件熱銷的淘寶爆款的形成，一方面是因為賣家得力的宣傳與推廣，但更重要的部分原因是寶貝自身有個響噹噹的名字，正是透過這個響噹噹的寶貝名稱，讓買家在淘寶網中搜索寶貝時，輕易地透過關鍵字來篩選到你的寶貝，這不僅大大減少賣家對產品推廣的花費，同時能夠利用最便捷和簡單的方式吸引到店鋪更多的自然流量。

圖 3-1 所示為淘寶寶貝的訪問來源圖，從中可以看到超過一半的訪問量來自於淘寶的站內搜索，這就說明，以寶貝名稱為搜索前提的站內搜索要求賣家為所銷售的寶貝選擇一個適合搜索、便於搜索的關鍵字。

圖 3-1　寶貝訪問來源圖

分析產品

店鋪中所出售的產品是一切經營活動的源泉，不管是對產品的取名還是宣傳用語，以及對產品的相關介紹和設計，都離不開對產品自身的分析。產品的分析包括功能的分析、外觀和結構的分析等，要抓住產品自身的特點及與其他產品的區別來確定產品標題的關鍵詞選取。

然而在淘寶網中，購物消費的買家通常是因為淘寶產品的價廉物美，並且比商場有著更多的選擇性，同時能夠節省一定的時間和精力，因此在進行產品分析時，同樣要把握消費者對產品的期待值，贏得更多消費者的關注。

圖 3-2 所示為透過分析產品，能使賣家有效地掌握所銷售產品的一切市場因素，包括產品的經營資訊和銷售資訊等，利用所接收的資訊進行產品的衡量和回饋，進一步提升產品透過網頁展現在買家眼前的具體詳情。因此作為賣家，在產品上架之前，首先就是進行產品的分析。

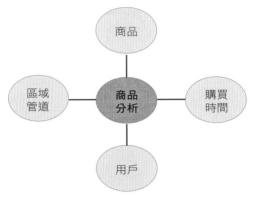

圖 3-2　商品分析關聯圖

設計關鍵字

　　常在淘寶購物的買家在進行寶貝搜索時，一般都會搜索對所需商品的一些關鍵字。這樣一件寶貝關鍵字的設置就顯得極為重要，只有將關鍵詞的設置與買家的搜索習慣相吻合，才能夠加大自家寶貝被搜索到的概率，有效增加寶貝在全網同款商品中的曝光度，以促進更高的交易。

1. 找關鍵字

　　一件寶貝的標題並不是愈長或愈複雜越好，而應具有一定數量的有效關鍵字。一般而言，賣家應該學會找關鍵字，儘量抓取寶貝更多的關鍵字。對關鍵字的選擇，我們總結歸納了以下幾條。

　　(1)關於店鋪的等級 ：五星皇冠（能夠利用店大納人、等級高有保障的特點吸引買家的光臨）。

　　(2)特價促銷 ：包郵、折扣、清倉（將價格的策略作為商品競爭中核心的籌碼贏得買家的選擇）。

(3)品牌：NB、NICK（透過品牌戰略固定追求品牌的買家）。

(4)品質保證：出口原單、日韓正品代購（透過品質等產品自身的情況來打消消費者的顧慮）。

(5)圖片資訊：真人實拍（讓買家以最直接的方式查看到商品的每一個方面）。

(6)銷售情況：狂賣 3000 件、全網累計最多好評（以銷售促進銷售）。

(7)熱點效應：明星同款（讓買家成為生活的主角、追求品質的享受）。

以上對最常見關鍵字的歸納，可以有效地幫助賣家對自己店鋪中的寶貝進行關鍵字設定，除此之外，仍然有更多的關鍵字選擇點需要賣家針對商品自身不斷地進行開發。

2. 篩選關鍵字

除了寶貝關鍵字最常用的選取點外，賣家也要學會進行關鍵字的篩選。一個寶貝的關鍵字分為屬性關鍵字、促銷關鍵字、品牌關鍵字以及評價關鍵字，它們之間可共同使用，也可單獨使用。關鍵字愈多，寶貝被搜索曝光的機會也愈多。但一個寶貝的標題字數是有限的，因此在對關鍵字完成選擇之後，還要對其進行篩選，保留其中最有用的，去掉無用或者少用的關鍵字。

屬性關鍵字是說商品的名稱或者俗稱，以及介紹商品類別、規格、功能等寶貝基本情況的字或詞，相對而言這不需要賣家進行過多的設定，可以選擇傳統的設定方式。在促銷關鍵字中，由於商品價格因素在消費者眼中佔有極重的分量，因此可以將這類關鍵字進行較為醒目的展現。品牌關鍵字，不是淘寶中每一件商品都擁有的，可以根據具體的情況來進行具體的設計。評價關鍵字主要是為了讓買家形成一種對商品正面的、積極的心理暗示，因此在設計這類關鍵字的時候，可以加大其使用力度。

圖 3-3 所示為淘寶網中銷售的 iPhone 手機殼的主關鍵字搜索統計表格。從表格中不難發現，這些排名較前的寶貝標題中的主關鍵字都使用了 iPhone、5/5s、手機殼／套、蘋果等字樣，其中統計出的黃金關鍵字正是含有這樣的字和詞，這說明合理的關鍵字篩選能夠有效地提高寶貝的搜索量。

主关键词	搜索人数	竞争宝贝数量
iPhone5手机壳	193626	7998856
苹果5手机壳	67813	6526325
iPhone5 手机壳	45521	7654491
iPhone5s手机壳	24656	2036536
苹果手机套	14602	5466255
iPhone5 壳	12277	102336655
iPhone 5s手机保护套	11409	1253626
5s手机外壳	9751	5563322
苹果手机壳	8754	6592266
iPhone5外壳	7320	10236205
iPhone 壳	7045	8023651
iPhone手机壳	5476	2362252
iPhone5s 壳	5013	4585118
手机壳 iPhone5 苹果	4625	1251555
iPhone5s 手机套、壳	4446	2611661

黄金关键词	搜索人数	竞争宝贝数量
iPhone5手机壳	6523	5689
iPhone5壳 原创	4256	2102
iPhone5壳子	3256	3625

圖 3-3　寶貝關鍵字統計表

在篩選寶貝關鍵字時，還需要注意以下的關鍵字基本使用規則。

(1)關鍵字選擇時，要避免出現含有具體某種品牌、具體某位明星推薦、價格最低或者性價比最高等字樣，否則在淘寶寶貝發布審核中是不允許通過的。下表為淘寶官方對於標題管理以及降權的原因和細則。

降權原因：標題濫用關鍵字
降權原因「標題濫用關鍵字」的定義：賣家為使發布的商品引人注意，或使買家能更多地搜索到所發布的商品，而在商品名稱中濫用品牌名稱或和本商品無關的字眼，使消費者無法準確地找到需要的商品。有這種行為的商品會被淘寶搜索判定為濫用關鍵字商品立即降權搜索
降權時間：系統識別後立即降權，降權時間根據作弊的不同嚴重程度而不同，標題濫用的商品修改正確後聯繫線上客服進行申訴。申訴入口：體檢中心—繼續處理—查看原因—我要申訴
建議：將商品標題修改正確

(2)關鍵字的選擇和使用一定要控制在標題所規定的字數之內，官方規定為 60 個字節。在進行歸納的時候，要盡可能選擇對寶貝來說有用的關鍵詞，同時要確保關鍵字的完整性，使買家看到標題後一目了然。

(3)每一個寶貝都具有一個最基本的基礎屬性，對於這種基礎屬性的關鍵詞來說，因為它的權重值影響了寶貝在淘寶中的排名，因此，建議只選

擇一個最符合商品特徵的關鍵字。

(4)等效關鍵字的排列有緊密排列和非緊密排列之分，它們之間的區別為，透過搜索緊密排列的關鍵字被搜索出來的結果不含拆分，而透過非緊密排列的關鍵字被搜索出來的結果含有拆分。

(5)關鍵字要符合商品真實性。賣家銷售的東西，應與關鍵字相連。若將關鍵字與商品設定得大相徑庭，極可能引起買賣家雙方的交易糾紛，進而影響到店鋪 DSR 動態評分以及商品的評價情況等。

(6)從買家角度挖掘關鍵字。這對寶貝標題能被更多人搜索到是一種行之有效的方式。在此期間，我們查看淘寶熱門詞彙，可以清楚地觀察到近期內買家都喜歡搜索的字詞、藉由何種關鍵字來搜索需要的寶貝等，使得自家的寶貝在和其他寶貝標題的比較下更容易被買家所接受和認同。對這一點，賣家可以根據淘寶網排行榜對近段時間來在淘寶網中最多買家購買的商品寶貝進行查看，比較這些寶貝的標題設定。如圖 3-4 所示。

圖 3-4　淘寶網排行

(7)一味地堆砌關鍵字，只會使標題雜亂無序。應當有效整合這些關鍵字，以最完整的形式出現在寶貝的標題中。當寶貝的標題被賣家雜亂地堆砌時，在一定程度上雖能被買家從關鍵字搜索出寶貝，但會因買家無法流暢地閱讀而降低好感度。

優化標題

對淘寶賣家來說，對寶貝的標題進行優化是至關重要的。因為大部分買家在逛淘寶或瀏覽商品時往往漫無目的，都是根據自身的喜好在淘寶的搜索欄中進行搜索，標題的優化此時有極其重要的作用。在多數情況下，對標題設置得愈詳細、熱門，愈貼近生活，就愈能被搜索出來並得到買家關注。

1. 組合標題

在淘寶寶貝的標題中，一般將標題中的關鍵字以競爭的屬性形式分為一級關鍵字、二級關鍵字、長尾關鍵字和頂級關鍵字。一級關鍵字通常是由二至三個字組成的詞語，它蘊含著巨大的搜索量，同時也面臨著巨大的寶貝競爭力。圖 3-5 所示為顯示在搜索類目中的女裝、毛絨大衣、雪地靴、圍巾等詞語，都為一級關鍵字。二級關鍵字通常是由四到五個字或兩組詞語組合而成的。對於二級標題來說，它也擁有較大的搜索量，同時全網所有商品中也受到巨大的競爭，這樣的關鍵字最常見的出自於買家的搜索。

圖 3-5　淘寶一級關鍵字

圖 3-6 所顯示的毛呢外套、保暖內衣、時尚女裝等關鍵字，就屬於二級關鍵字。長尾關鍵詞通常由五個字或者多個片語成的，因其精準度較高，所以競爭不大，但也因這樣的特點，導致關鍵字的搜索量不大，這種關鍵字通常針對有目標的買家搜索。頂級關鍵字是搜索量大於寶貝數量兩倍的關鍵字，其精準度極高，受到的競爭極小，在淘寶寶貝排行中十分容易獲得排名，但缺點是比較難找，多半用於定向的推薦搜索。

圖 3-6　淘寶二級搜索詞

　　在淘寶網中，絕大部分商品的標題都是由這些以屬性分類的關鍵字來組合完成的，一般情況下，這些關鍵字在組合搭配上會套用一個最常見的淘寶標題組合萬能公式：行銷關鍵字＋意向關鍵字＋屬性賣點詞＋類目關鍵字＋長尾關鍵字。

意向關鍵字	韓版女裝、顯瘦牛仔褲、歐美大牌背包、同款私服
屬性賣點詞	顯瘦、修身、時尚、潮流
類目關鍵字	連衣裙 - 女裝、土豆片 - 食品、戒指 - 飾品、三星 Note4- 手機
長尾關鍵字	完整的、相對較長的寶貝描述

　　圖 3-7 所示是一條在淘寶中銷量極佳的牛仔褲的詳情頁，我們可以看到，賣家將名稱設置為「秋冬新品韓國代購緊身黑色加絨牛仔褲女加厚小腳褲女顯瘦鉛筆褲女」，其中就包含了寶貝的行銷關鍵字「秋季新品」、意向關鍵字「韓國代購」、屬性賣點詞「緊身／顯瘦」、類目關鍵字「牛仔褲女」等，包含了淘寶標題組合萬能公式裡的每一個構成元素。這樣的結果會使得該件寶貝很容易被需要購買褲子的買家在全網中搜索出來，同時也符合購買大部分褲子買家的搜索需求。

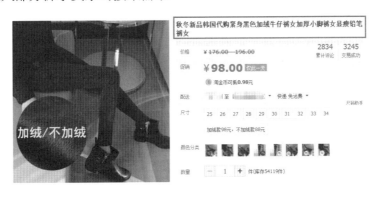

圖 3-7　寶貝詳情頁

除此之外，關鍵字的「位置」在整個設計中也十分重要。賣家最希望買家關注到商品的特徵，就要將相對應的關鍵字放在最醒目的位置。對於那些需要用符號隔開的關鍵字，一般不宜放在寶貝名稱中間，而應放在名稱的首尾，使買家能迅速接受這樣的資訊，以突出賣點的方式激起買家的購買欲望。

2. 驗證標題

在淘寶中將自己寶貝的名稱想好之後，為了確保該件商品不在名稱上出錯誤，而是以名稱更明顯地帶動商品的成熟發展，就需要賣家去驗證擬定好的寶貝標題，以避免一些不必要的問題和麻煩。圖 3-8 所示是一條因寶貝標題問題而被淘寶判定違規以及強制性下架的淘寶案例，可見對寶貝標題進行驗證是十分必要的。

违规信息

违规类型：滥发信息 > 发布只欣赏、非卖品的信息

计分类型：一般违规　违规编号：1231519613　处理时间：2014-08-01 16:25

违规原因：卖家在编辑商品的时候，在商品标题或详情页面出现仅欣赏、非卖品、已售完的商品。
案例实例：某会员在其店铺内发布的某一宝贝中描述"售完，图片仅供欣赏"。

商品快照：【无货】【离垢】【手作】【温暖】s925纯银铃铛玉米结手绳
价格：8888.00

圖 3-8　寶貝違規信息

首先，對標題的驗證要根據淘寶的相關規定，特別是一些明令禁止出現在商品標題中的詞和字。例如網安部門對淘寶網上所銷售的寶貝標題中關鍵詞含有「原單」、「尾單」、「代工」等字樣的商品都要求進行下架處理，因為這樣的商品都為非正規進貨管道而來的商品，故此不適用淘寶申訴等。

除了這些明文規定禁止的字詞外，賣家還需要注意，不要將以下字詞設計在爆款寶貝的標題中。例如：批發、代銷、媲美、最便宜、最實惠、最低、最高、最好、最優、比、十全十美、最低價，及涉及政治敏感問題等字詞。淘寶官方關於違禁詞管理進一步明細和總結的，因此在驗證標題的

時候盡可能按常規來選擇，避免使用新奇的字詞而違反淘寶規定。

除了對照擬定的標題在淘寶官方進行驗證外，另一種驗證方法就是要在全網中所銷售的其他類似商品的標題中去驗證。由於現在淘寶網上銷售同一件商品的店鋪愈來愈多，這也使得一些喜歡偷懶的賣家會直接盜用一些銷售情況較好的商品的標題，這樣反而會使更多的買家進入到銷售本身就很好的店鋪去購買。因此，在淘寶實戰中進行標題的驗證，就需要賣家對自己寶貝的標題和其他賣家設定的標題之間去其糟粕，取其精華。

七天上下架分析

在淘寶中賣家所發布的寶貝，根據淘寶的系統規定，將寶貝進行七天一個迴圈的自動上下架調整。這種上下架的調整並不是真正意義上的將店鋪內的寶貝下架，而是利用七天一個週期對寶貝的有效期重新計算而使得寶貝的搜索排名提前。

在這樣一個排名提前的階段，選擇在一個淘寶瀏覽人數較多的時段，就可以讓更多的買家搜索到寶貝，同時寶貝的關注度也會得到大大的提升。但同時也要考慮競爭度的問題，如果有很大一部分商家都選擇在搜索人數多的時間上架，競爭就更加激烈。正因如此，很多希望將店鋪內銷售的寶貝打造成為爆款的賣家也就更加注重淘寶的七天上下架。

上下架輪播原理

在淘寶系統中，寶貝上下架蘊含著搜索規律的邏輯。通常來說，淘寶的搜索會涉及店鋪自身的轉化率、DSR 動態評分、寶貝的銷售量、收藏量，以及店鋪人氣和熟客率等眾多因素，因此對於賣家而言，便會面對更多店鋪搜索的壓力。

透過淘寶系統中的自動上下架，會使得店鋪中每一個即將下架的產品都會在搜索中取得較為提前的排名展示，從而保證每位賣家在這樣的因素下得到較為公平的搜索展現機會。這個七天上下架輪播便是對應的店鋪寶貝下架時間的優化，在這一點上，賣家會更頻繁地將其運用在寶貝的關鍵

字和標題的優化上。

在淘寶的賣家版系統中，當選擇發布寶貝時，在具體的動作頁面會有寶貝有效期的設定。如圖3-9所示，就是系統的自動七天上下架處理。

圖 3-9　發布寶貝頁面有效期設定

透過將店鋪中上架的寶貝的有效期（七天上下架時間）進行設定，所發布的寶貝就會得到短時間之內的下架機會，同樣也會得到在全網搜索中排名靠前的機會。根據淘寶的商品規則，接近90%的搜索都會先導入綜合搜索排序，產品的排名越靠前，意味著寶貝的展現機會就越多，得到的曝光率就越高。

合理地安排全店商品的上下架時間，不僅可以提高寶貝的搜索權重，還能給店鋪帶來更多的免費資源，節省更多的推廣寶貝流程和成本，因此更多的賣家越來越看重寶貝的七天上下架。

除此之外，自從2011年淘寶大平臺拆分之後，淘寶網和天貓網都形成了各自的戰略方向，其所對應的相關搜索因素也有一定的差異和調整，七天上下架的時間輪播因素在天貓搜索中無效，僅在淘寶網中的「所有寶貝排序」中有效。

▌新品的上下架時間策略

由於新品的上下架時間嚴重地影響寶貝的排序，因此它可說是贏得免費流量最首要的手法之一。寶貝的下架時間用來確保每個商品的展示機會，而影響下架時間的首要因素就是寶貝的上架時間設定。在搜索寶貝的關鍵字後，寶貝是按照剩餘時間排序的，剩餘時間越少，其排名就越靠前。

權衡新品的上下架時間的一個重要因素就是針對上網瀏覽人數的時段分布。根據淘寶網網頁瀏覽和搜索統計，通常來說，每一日中有三個時間段是全網訪問量較大的：10:00—12:00、13:00—17:00、20:00—23:00，共計9個小時。也就是說，當寶貝的下架時間在這些時段之內，較多的訪問量就

能夠獲得更多的瀏覽量。因此在一定程度上將寶貝的上架時間放置在這樣一個時段內，流量上對寶貝的搜索和銷售提供一定的積極影響。

　　圖 3-10 所示是一款爆款毛衣的交易記錄部分截圖。我們可以看到，在 11:00 的時間內對寶貝進行付款的頻率很高。而對當天所交易的商品進行時間段的統計，如圖 3-11 所示，我們可觀察到，在 13:00—17:00 這個時間段內成交的人數約占全天成交人數的一半。換位思考，在這些時間段中能夠取得如這麼好的寶貝成交數據，一定也有著巨大的競爭，因此當爆款寶貝的打造也同樣在這些時間段中進行上下架時，一開始就達到賣家所期待的效果並不容易。

买家	拍下价格	数量	付款时间	款式和型号
月**0 (匿名)	￥208 促	1	2014-11-26 11:36:14	颜色分类:桃红 尺码:L〈尊享贵族服务〉
闻**9 (匿名)	￥208 促	1	2014-11-26 11:30:51	颜色分类:浅灰色 尺码:M〈尊享原版正品〉
我**天 (匿名)	￥208 促	1	2014-11-26 11:15:47	颜色分类:粉红色 尺码:M〈尊享原版正品〉
t"*7 (匿名)	￥208 促	1	2014-11-26 11:09:22	颜色分类:姜黄色 尺码:M〈尊享原版正品〉
恋**8 (匿名)	￥208 促	1	2014-11-26 11:05:11	颜色分类:粉红色 尺码:M〈尊享原版正品〉
庆**7 (匿名)	￥208 促	1	2014-11-26 10:56:19	颜色分类:白色 尺码:S〈尊享大厂品质〉

圖 3-10　寶貝部分交易詳情

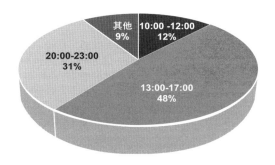

圖 3-11　寶貝成交時間段分布統計圖

透過以上講解，會有更多的賣家將寶貝選擇在這些時間段上架，但雖然有較多的瀏覽數，卻有了更多的競爭對手，這樣對於一件爆款的打造來說絕非最有利的。

因此，為了有效地規避競爭對手這個問題，建議將寶貝的上架時間定在週末凌晨進行。首先，這段時間是絕大部分賣家所不會選擇的時間，就大大降低了寶貝的競爭。同時，週末是人們休息的時間，因此不用過於擔心沒有買家逛淘寶、沒有買家看見正在上下架的寶貝。

合理地規避其他競爭商品的上下架時間，有效地抓取買家瀏覽高峰，就是爆款寶貝打造成功的關鍵。

▌ 全店上下架時間布局

打造爆款的店鋪通常還會有很多其他寶貝作為配合或者促銷，店鋪中一般會存在一定數量的需要上架的其他寶貝，將其合理地進行上下架，不僅能夠減少寶貝上下架的壓力，也能夠使店鋪的運作更行之有效。

在淘寶系統的商品發布中有開始時間的設定。如圖 3-12 所示，賣家可以根據店鋪的自身發展需求，對上架的寶貝設定不同的上架時間，這樣能夠有效地避免所有寶貝在同一個時間上架，從而造成寶貝管理損失。

开始时间：⦿ 立刻
　　　　　○ 设定 2014年11月26日 ∨　14 ∨ 时　15 ∨ 分 ❓
　　　　　○ 放入仓库

圖 3-12　上架時間設定

針對寶貝上下架時間的分布，制定出了一個寶貝數量以及時間計算的公式，如圖 3-13 所示。透過這樣的上架時間公式計算，便能夠合理地有效權衡店鋪內寶貝的上架時間。

寶貝數量：100% ＝ 80% ＋ 20%
一週分配：7 ＝ 5 ＋ 2
小時分配：3 小時段 6 個小時
符號代表：A ＝寶貝數量，X ＝分／個
　　　　　B ＝ A×80%，C ＝ A×20%
公　　式：X ＝（7×6×60）／ A
核心項目：1. 寶貝數量　2. 時間計算

圖 3-13　寶貝上架時間安排公式

一些寶貝數量上百的店鋪，透過計算，不僅能快速地算出寶貝上下架時間的布局，同時也能夠準確地確定以數據的呈現形式。例如一家擁有 300 件商品的店鋪，要在全網約 9 個小時搜索高峰中進行安排，得出 300 件商品、平均每天 9 小時上架時長、一週 7 天的天數，根據公式可以這樣進行以下計算：

方案 1：按星期天數平均分布。

（9×7×60）／ 300 ＝ 12.6 分鐘／件

方案 2：按照瀏覽量的 7 天時間分布採用 5 ＋ 2 的模式，商品數量分權重採用 80% ＋ 20% 模式。

300×80% ＝ 240

300×20% ＝ 60

將 240 件寶貝分布在週一至週五上架，60 件寶貝分布在週六和週末進行上架。

週一至週五：（9×5×60）／ 240 ＝ 11.25 分鐘／件

週六至週末：（9×2×60）／ 60 ＝ 18 分鐘／件

利用以上的公式，便清楚地計算出根據不同方案的具體寶貝上架的分布，既可以保證寶貝上架的效率，還能夠加大買家的接受度。

除了用人工的方式運用公式進行計算外，也可以藉由一些賣家版上下架調整助理等軟體，以寶貝的選擇範圍以及時間點的確認分布為基本點來進行自動化的設置和檢測。同時藉由軟體的自動化檢測，還可以有效地結合店鋪內的買家存取時間分布來具體對寶貝的上下架時間進行分布。

圖 3-14 所示就是軟體的店鋪人流量的時間分布分析圖，可看到店鋪中的訪客高峰以及瀏覽量最大值出現在 13:00—22:00。根據這樣的情況，軟體關於寶貝上下架的時間分布得出最大比重的上架時間集中在這個時間段之內。如圖 3-15 所示。

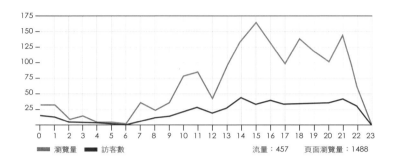

圖 3-14　店鋪各時段 PI、PV 圖

时间	周一	周二	周三	周四	周五	周六	周日
08:00-09:00	0 %	0 %	0 %	0 %	0 %	0 %	0 %
09:00-10:00	0 %	0 %	0 %	0 %	0 %	0 %	0 %
10:00-11:00	0.70 %	0.70 %	0.70 %	0.70 %	0.70 %	0.70 %	0.70 %
11:00-12:00	0.70 %	0.70 %	0.70 %	0.70 %	0.70 %	0.70 %	0.70 %
12:00-13:00	0.40 %	0.40 %	0.40 %	0.40 %	0.40 %	0.40 %	0.40 %
13:00-14:00	1.10 %	1.10 %	1.10 %	1.10 %	1.10 %	1.10 %	1.10 %
14:00-15:00	1.40 %	1.40 %	1.40 %	1.40 %	1.40 %	1.40 %	1.40 %
15:00-16:00	1.60 %	1.60 %	1.60 %	1.60 %	1.60 %	1.60 %	1.60 %
16:00-17:00	1.40 %	1.40 %	1.40 %	1.40 %	1.40 %	1.40 %	1.40 %
17:00-18:00	0.70 %	0.70 %	0.70 %	0.70 %	0.70 %	0.70 %	0.70 %
18:00-19:00	0.80 %	0.80 %	0.80 %	0.80 %	0.80 %	0.80 %	0.80 %
19:00-20:00	1.40 %	1.40 %	1.40 %	1.40 %	1.40 %	1.40 %	1.40 %
20:00-21:00	1.60 %	1.60 %	1.60 %	1.60 %	1.60 %	1.60 %	1.60 %
21:00-22:00	1.40 %	1.40 %	1.40 %	1.40 %	1.40 %	1.40 %	1.40 %
22:00-23:00	1.10 %	1.10 %	1.10 %	1.10 %	1.10 %	1.10 %	1.10 %
23:00-24:00	0 %	0 %	0 %	0 %	0 %	0 %	0 %

圖 3-15　寶貝上架時段分布分析

　　只有所出售的寶貝擁有更高的人氣和搜索量，才能夠獲得更多的轉化率，才能擁有更多的機會將寶貝打造成為一款成功的爆款。賣家藉由合理的七天上下架調整，可以從淘寶自身系統中得到最便捷和最基礎的免費流量，對於店鋪的發展以及寶貝的銷售都具有極大的促進作用。因此應巧用

寶貝七天上下架原理，引入更多的發展機遇。

流量入口挖掘

對於以網路銷售形式來經營淘寶網店鋪來說，如何使更多的人透過搜索看到自己的寶貝是很多賣家不斷追尋的，然而對於淘寶網來說，有很多形式能夠將店鋪和寶貝推廣出去，同時獲得更多的流量。

通常來說，淘寶的流量入口分為站內流量和站外流量。淘寶站內的流量來源主要包括淘寶搜索、淘寶類目、淘寶收藏、淘寶專題、淘寶首頁、淘寶頻道、淘寶空間、嗨淘、淘寶畫報、淘江湖、淘寶管理後臺、淘寶其他店鋪友情鏈接、淘寶信用評價、阿里旺旺窗口、淘寶店鋪搜索、富媒體廣告、淘寶客搜索、商城類目、商城搜索、商城專題、聚划算、新品中心、淘女郎、淘寶看圖網等。

淘寶站外的流量包括論壇、微博、人人網等社區以及影片網站分享等。當然，除了這些站內站外的免費流量入口之外，還有一些需要賣家付費的淘寶推廣，包括賣霸、淘客、直通車、品牌廣告、鑽石展位、定價 CPM、阿里旺旺廣告、搜尋引擎等。這些被引入店鋪中的流量，往往可以用來衡量店鋪的成功與否，透過流量能夠清楚地說明店鋪每日的瀏覽人數，從而反映出店鋪的裝修、推廣以及所銷售的商品是否能夠滿足買家的需求等。因此抓住流量、挖掘流量，對於淘寶的店鋪來講是至關重要的，其關係如圖 3-16 所示。

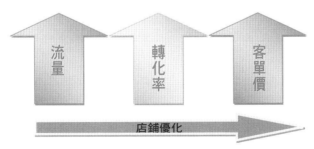

圖 3-16　流量、轉化率與客單價的關係

主題市場關鍵字入口挖掘

淘寶的主題市場就是指打開淘寶網首頁下方的不同類目分類的主題標籤搜索，如圖 3-17 所示。在淘寶網進行店鋪經營的絕大部分賣家都知道，店鋪將近一半的流量都來自免費的自然搜索，而這一點主要是透過寶貝標題中的關鍵字來實現的。

最常見的方式是透過搜索框、淘寶熱詞、淘寶指數、數據魔方等方式。然而從淘寶的主題市場進行寶貝的搜索看似最常見，卻是絕大多數賣家最容易忽視的一點，往往賣家都會更多地考慮到一些付費的方式，如直通車、鑽展等。對於淘寶主題市場這個搜索管道來講，由於是系統所提供的主要類目關鍵字搜索，因此寶貝關鍵字的用詞搜索是十分準確的，搜索的效率也是十分可觀的。合理地利用淘寶主題市場的關鍵字搜索，提升店鋪內絕大多數的流量，非常有助於全店的轉化率和排名的提升。

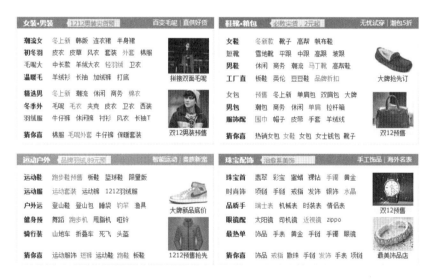

圖 3-17　淘寶主題市場搜索

在淘寶的主題關鍵字搜索中，我們可以看到不同類目下基本上都包含了買家所希望找到的最基礎搜索關鍵字，而在淘寶搜索最頂部的自然搜索框中，也可以進行最基礎搜索關鍵字的輸入，這一點可能就是主題市場關

鍵字被忽略的一個很重要的原因。下面將具體解釋這一點，讓更多的賣家重視主題市場對店鋪提升的重要性。首先，在淘寶首頁的自然搜索框中輸入「靴子」一詞進行全網的搜索，如圖 3-18 所示，可以看到搜索出來的寶貝數量高達千萬之多，在這樣龐大的市場搜索之內，要想讓自己店鋪內的寶貝脫穎而出是一件多麼困難的事情。

圖 3-18　淘寶自然搜索

這時在淘寶主題市場點擊「鞋靴、箱包」類目下的「靴子」，如圖 3-19 所示。透過這樣的方式進入頁面後，如圖 3-20 所示，可以發現其主要呈現在買家面前的是靴子的新款或者包郵，也就是說當賣家將寶貝名稱中的一個關鍵字設定為「包郵」或者「新款」等符合頁面的主題內容，就有很大的機會能夠被搜羅進這樣一個頁面。

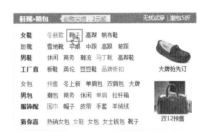

圖 3-19　淘寶主題類目分類

圖 3-20　淘寶主題市場頁面

當我們將頁面下拉的時候，如圖 3-21 所示，首先會查看到在這個類目下的主題搜索市場中所含有的寶貝數量為一百多萬件，相比透過自然搜索框搜索出來高達千萬數量的件數僅剩 1/10。這就說明透過淘寶主題市場中對寶貝關鍵字的偏好設定，在極短的時間之內就能夠減少龐大數量的競爭對手而獲得更多的流量，遠比賣家使用一系列免費或者需要付費的推廣手段有效、快速得多。

除了對此頁面中所包含的寶貝數量進行觀察參考之外，還有一點便是當中所顯示的每一件寶貝的標題名稱中的關鍵字，都包含寶貝標題構成的幾大要素：商品屬於類目「鞋靴、箱包」市場 - 靴子，商品價格中都包含有「包郵」，商品標題中的含有「秋冬新款」字樣等。也就是說，只要寶貝的關鍵字符合以上頁面中的條件，自己的寶貝就能夠進入到該類目下的展示，大大減少了同類商品數量的競爭，增強流量的進入，這是一種極其客觀的淘寶經營方式。

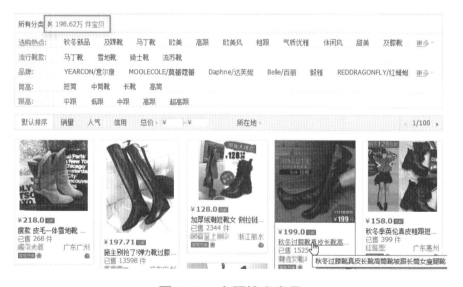

圖 3-21　主題搜索寶貝

藉由以上實例說明，以淘寶主題市場中的關鍵字作為店鋪內的流量入口，對於賣家來說是一件唾手可得的事。這樣的方式不僅能有效地縮減

競爭對手和競爭產品，更重要的是流量的高度提升。賣家所要做的就是尋找店舖中銷售的商品在主題市場中所對應的商品類目，並且參考詳情頁面中其他商品寶貝的關鍵屬性，將商品的類目、搜索關鍵字、促銷、價格區間、材質等進行設置便可。

▌主題市場排序規則

在很多情況下，淘寶主題市場的排序關乎寶貝具體出現在搜尋網頁面位置是較前部分或者是靠後，這樣的排名規則是根據淘寶系統的相關影響因素等共同原因而形成的。

1. 無關因素規則

對於無關因素而言，通常都不會影響到其他事物的發展，在淘寶中的排名也是如此，不會因為與商品自身屬性無關的因素影響到其在整個淘寶店舖中的排序。在淘寶網的系統規定中，排名的先後與寶貝的銷量、瀏覽量、價格、賣家受的好評率、寶貝的基本資訊情況等和以單一的關鍵字存在於寶貝的標題中相比較，二者的先後順序和次數等都沒有實質上的影響。

例如，從圖 3-22 所示，在相同的頁面排序中可以看到寶貝的標題中「阿迪達斯 T 恤」、「愛迪達新款阿迪 T 恤」和「阿迪達斯 T 恤」三種商品的相互比較，搜索結果並不會因為寶貝的品牌名稱重複出現多次、或者簡稱或者全稱而導致排序不同，因此對於這些無關因素來說，賣家可以不必要過分糾結其中。

¥259.00　21人付款
正品Adidas阿迪達斯2014秋新款阿迪男款运动长袖T恤M68713 M30981

¥269.00　9人付款
阿迪adidas 三叶草 夏季短袖 男款 休闲T恤 M69236/M69235/M69234

¥194.00　14人付款
正品Adidas阿迪达斯2014冬款阿迪运动长袖套头大码S04070 S04071

¥78.00　788人付款
2014秋款男装阿迪达斯Adidas运动长袖T恤三叶草纯棉亮松卫衣男T恤

图 3-22　商品頁面排序

2. 搜索結果排序規則

寶貝在淘寶中受到兩個最關鍵因素的影響，一個是商品的剩餘時間，另一個是是否被賣家選擇指定為推薦商品。商品的剩餘時間指的是商品的七天自動上下架處理，在七天為一個輪迴中，上架和下架的時間都是相對應的，而越靠近商品的下架時間，系統便會自動將它的搜索結果排名提前。

櫥窗推薦是根據賣家對商品上架設置的時候自行選擇的。搜索結果根據是否為櫥窗推薦商品這個因素會被系統劃分為兩個區段，無論商品上架後的剩餘時間有多少，被推薦的商品區段排序排名都在未被推薦商品區段的前面；而當商品處於同一區段內時，仍然會按照商品下架的剩餘時間進行排序，時間越短排序越靠前。

3. 等效搜索詞規則

在淘寶的主題市場排序中，除了無關因素對排序沒有實質性的影響之外，另一種對商品排序影響不大的就是等效搜索詞規則了。這種方式即是將寶貝標題中的吸引流量的關鍵字進行了位置上的調換。

對於以上主題市場的排序規則，店鋪的賣家要儘量將寶貝所對應的流量吸引進店鋪內，就要最大化地合理運用標題以及標題中設定的關鍵字，同時兼顧寶貝的七天上下架時間等多方面的綜合因素，來使自身的寶貝更加迎合主題市場排序規則。

▌無線端流量入口

暢快移動的新生活是愈來愈多的人所追尋的，網路的廣泛覆蓋使得手機的使用也無限制於時間和地點，淘寶也早就推出了淘寶手機用戶端，如圖 3-23 所示。這不僅將電腦上的流量引入了手機無線端之中，同時也將淘寶引入買家生活的每一個方面，做到真正意義上的「隨時隨地，想淘就淘」。

圖 3-23　淘寶手機用戶端標誌

手機淘寶軟體的研發運用，合理地將有線端上的相關應用移植到了無線應用端，而相關的具體操作也設計得更加適用於手機操作，同時也將更多的生活小應用融入其中，使得愈來愈多的「手機黨」將這樣的應用下載進手機，大量增加了淘寶無線端的流量。

　　圖 3-24 所示為淘寶有線端（PC）和無線端（WAP）在一天中每個時段的流量統計，從中可以清楚地看到二者幾乎不相上下。同時在不同的時間段，二者所得到的運用也存在著一定的針對性。因此，在這個網路時代，淘寶中的每一位賣家對都不可忽視淘寶的無線端。

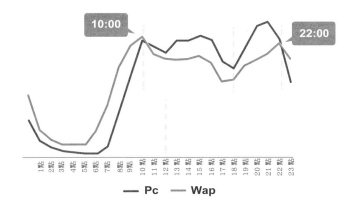

圖 3-24　淘寶兩大終端流量對比

　　對於淘寶無線端的廣泛運用，淘寶不僅將其內的布局設計得更加符合人們的使用習慣，同時也從賣家角度對設定的價格、操作便捷度和交易時的快捷性都充分的合理化，這樣的自身條件相信也會吸引愈來愈多的淘寶賣家和買家更加注重無線端的寶貝編輯以及使用。愈注重無線端，愈能夠為店鋪贏得更多流量。

第 4 章

爆款首圖及詳情頁設計

爆款的第一步是「引入流量」，再將吸引來的目光成功轉化為寶貝的交易量，平凡無奇的首圖與詳情頁無法吸引人，賣家必須發揮創意與巧思，設計出眾的首圖與詳情頁，才能吸引目光，把流量轉為銷量，搶占淘寶人氣，成為「爆款之王」。

首圖設計

淘寶的首圖是所有瀏覽淘寶店鋪中寶貝的消費者第一眼見到的店鋪或者所銷售商品的圖片。如圖 4-1 所示，這張圖片能夠對整個店鋪的銷售風格進行一定的概述，傳達著賣家想為寶貝營造出的種種獨特感。選擇一張對銷售寶貝具有高度概括性和形象性的圖片，作為首圖，會使整個頁面和寶貝具有顯著的視覺效果。因此，首圖的設計往往是賣家在進行寶貝前期處理上架編輯時的重要考慮點之一。

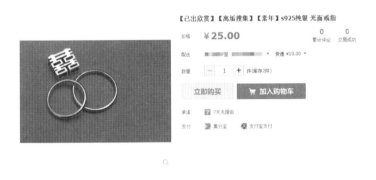

圖 4-1　寶貝的首圖

在淘寶系統中，一般建議賣家儘量選擇實拍圖片作為首圖，避免或者盡少選擇包括雜誌圖片、商品官方網站圖片以及宣傳圖；寶貝首圖的尺寸要求大於 700px×700px。寶貝首圖被成功上傳系統之後具有自動放大鏡的功能，即當滑鼠移至首圖各個位置的時候，該位置便會被放大。

首圖對銷售商品具有的重要性，使得每一位賣家都對其更加重視，對首圖的設計和選擇也有一定的優化措施。首先，要選擇真實、清晰、完整的產品展示圖，要在首圖中重點突出寶貝的賣點和亮點；在一定的情況下，可以在首圖中融入一些商品甚至店鋪的促銷元素；同時，適當地在首圖上加一些文字，也可以對商品的銷售有畫龍點睛的作用。在首圖的設計中，需要注意圖片的尺寸不宜太大，不能一味追求大圖而將其變形影響美觀，圖片絕不能失真。

設計產品的重要形象

在淘寶中，琳琅滿目的商品總是會吸引很多消費者的目光，讓他們在有事沒事時點入淘寶網中逛一逛。在這一部分人中，一些瀏覽者有具體的購物目標，並且直接在淘寶中搜索其想要的寶貝；而另一部分瀏覽者則沒有這種具體的目標，多數情況下是隨意逛逛，但當看到吸引自己的寶貝則會考慮下手購買。

針對這一部分群體，一件寶貝的設計形象顯得極為重要。在這一個關鍵點上，富有創意和新意的寶貝設計，可能會讓隨意逛逛的消費者產生消費興趣，從而贏得更多的轉化率和交易量。對於爆款的打造也需要注意這點，讓更多的人對其產生興趣就是爆款流量的來源，怎樣引起興趣而下單就是爆款的最終目標。

1. 產品形象之外在表現

產品形象的外在表現是每一位商品經營者所必需考慮的重點之一。俗話說，唯有良好的賣相，才能換來一個較好的銷售情況。在淘寶平臺中更是如此。由於買家不能真實地接觸淘寶中所銷售的商品，只能靠賣家提供的各種商品的圖片，因此將寶貝的外在形象進行精心的設計，對於店鋪的經營以及寶貝的銷售都是十分必要的。

圖 4-2 所示是對影響消費者購買商品因素的統計，從圖中可以看到，商品的外觀所造成的影響約占全部因素的三分之一，可見其對寶貝的形象有著多麼大的影響，對寶貝的銷售有多麼大的制約作用。

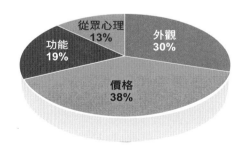

圖 4-2　商品銷量的影響因素

對於產品的外在形象，首先是要與店鋪的整個主題風格相同，切忌在這個以視覺效應為買家考慮因素的市場中掛羊頭賣狗肉。產品形象的主題風格是指其中包含賣家對其賦予的中心思想，在一定程度上可以反映出整個店鋪對商品銷售的觀點，使得寶貝本身以及店鋪的質感從大、廣、雜的淘寶市場中脫穎而出。

縱觀全網，一些做得比較出色的店鋪總是會將所銷售的商品和整個店鋪融合，使二者形成統一的主題風格，這樣設計出的寶貝會給消費者較為整潔的視覺效果，突顯出店鋪的用心和專業化。相比銷售同類商品卻讓人感覺雜亂無章的店鋪，消費者往往更願意選擇擁有統一主題風格的產品。

圖 4-3 所示是一家經營偏日系風格的生活小雜貨的店鋪。日系風總會帶給人一種樸素簡約和寧靜之感，圖中所選擇的圖片裝飾和排列布局便迎合了這樣的主題風格。當我們點擊進入店鋪中所銷售的寶貝頁面時，如圖 4-4 所示，也可以觀察到店鋪對於銷售寶貝的選擇以及對其首圖的拍攝和設計，同樣有著和店鋪統一的主題風格，而寶貝自身的形象也進一步強化了視覺效應以及寶貝的專業化。

因此，將寶貝帶入高銷售行列中的寶貝價格、買家的購買需求固然重要，但是一件有強烈主題風格的寶貝，也能夠提升其形象並獲得更多銷量。

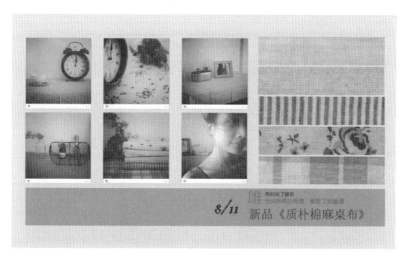

圖 4-3　店鋪主題風格設計

《悄悄的一线光》纹理明显 存在感强烈 木碟
木盘 点心盘

日式茶盘 竹制托盘 茶托 大小两款可选

朴房 日式无印风格 海波纹加厚陶瓷小菜碟
小菜盘子 白色浪漫

圖 4-4　寶貝主題風格設計

　　除了與主題風格之間的關聯之外，還有一點就是商品自身的外在表現。這一點通常包含寶貝所呈現在圖片中的「造型設計」以及「配色選擇」上面。當賣家在進行寶貝在拍照（影片）中的設計布局時，配合同類質感的其他裝飾物品，加上合理的布局等，在圖片中提升產品的形象和品質的同時，也讓更多的瀏覽者對寶貝留下更深刻的印象。

　　此外，為商品設計出的主要配色對提升商品的品質感也存在一定的推動作用。色彩是視覺效果中能夠讓買家引起強烈視覺反應的因素之一，在以圖片說話的淘寶中，將所銷售的商品與顏色完美地融合，可碰撞出更多的火花。

圖 4-5　寶貝形象圖

圖 4-5 所示為寶貝的形象圖，自身的古樸風格加上賣家將其搭配了乾燥花葉作為陪襯物進行布局，使之看上去簡潔又精妙，以平面拍照的方式結合古樸感的配色，使整個圖片看上去悠然靜遠，所營造出來的寶貝形象也如圖片一樣，給人以慢生活、慢節奏的安定感。

2. 產品形象之內在表現

寶貝的內在因素永遠是買家首要參考的要素之一，就是因為這一點，讓很多買家樹立了一種「貴的就是好的」的消費心理。因此在考慮設計商品的形象時，其內在的品質、做工等因素就顯得極為重要了。

好品質的寶貝或許在店鋪寶貝的介紹中無法真正展現在買家面前，但在商品交易的評價頁面上卻能看到已經購買過該寶貝的買家作出的相關評價。這些評價可以是關於寶貝總體印象評價，也可以是關於寶貝的品質、大小的相關評價，這些評價都能夠使更多買家發現商品自身的真實情況。因此，淘寶店鋪的賣家絕不能因為買家在購買之前看不到商品實物而降低其內在的因素。

圖 4-6 所示為對商品的評價，從中可以看到買家對寶貝的尺寸大小、價格對比以及賣家包裝的一些評價，這些評價透露給買家的正是寶貝自身的特點，因此不可忽視對寶貝自身的要求。

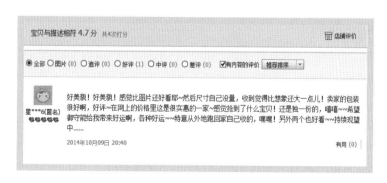

圖 4-6　寶貝評價

除此之外，還會有淘寶賣家在寶貝的首圖或其他圖片上用文字的方式直截了當地寫出「優質」等寶貝內在情況的一些描述，如圖 4-7 所示。以這種方式，藉由主圖直接將賣家希望買家知道的寶貝相關資訊進行文字的敘述，也能更加直接地凸顯出產品寶貝的內在形象。

圖 4-7　寶貝主圖

▌提煉產品賣點

首圖不僅是寶貝詳情頁面的門面，更重要的是能夠準確而快速地吸引著買家的目光，抓住他們購物的欲望。

首圖的賣點提煉不像詳情頁面的賣點提煉那樣可以詳盡地從每個方面著手，而是以一幅圖的形式提煉寶貝最主要的賣點，這也就要求賣家在主圖的賣點提煉上要具有高度精準性，讓主圖更具吸引力，並要求賣家進行換位思考，將自己當成是瀏覽寶貝的買家，從買家的角度出發。

1. 以圖說話

　　首圖賣點提煉最直觀的方式就是以圖說話，圖 4-8 所示是掛鉤的主圖選擇，從中我們可以看到所銷售的掛鉤能承受住一桶油的重量，那麼該掛鉤的品質以及黏性在圖中的表現就不言而喻了，掛鉤的賣點也被展現得淋漓盡致。

圖 4-8　以圖說話的寶貝主圖

2. 文字襯托

　　對於寶貝的首圖，因其大小因素的影響會導致一些寶貝的賣點被忽視，這就強調了一定要將寶貝最核心的賣點展示在主圖之上，買家最想要瞭解什麼，就要在主圖上呈現出什麼。

　　圖 4-9 所示為銷售的菜刀主圖，在主圖上可以看到，賣家在圖片上加了一定的文字描述：專業製造、正品保證、持久鋒利、促銷包郵、中華老字號，分別從寶貝的品質、做工品質、價格等幾乎是買家最關心因素著手，配合主圖展現出菜刀自身的賣點和重點，同時以圖文相配的方式使之相得益彰，與有圖無文的主圖相比具有更加強大的競爭力，讓買家單從圖片就能對寶貝有一定的瞭解，也加大了買家點擊進入寶貝詳情頁面的概率。

圖 4-9　文字襯托的寶貝主圖

詳情頁設計

　　淘寶的詳情頁是買家對寶貝的資訊進行詳細瞭解的一個很重要的地方，因此對詳情頁的設計和優化，也被稱為是淘寶寶貝管理中的重要基點之一。詳情頁首先要考慮的一點是買家的購物心理。因為買家有需要和興

趣才會對寶貝的詳情頁進行瀏覽，因此詳情頁所需解決的問題就是買家的迫切需要以及對產品想要瞭解的相關部分，在瞭解的過程中提高店鋪中的轉化率和客單價，達到優質的店鋪期望值。如圖4-10所示。

圖 4-10 詳情頁作用

提煉產品賣點

一件好銷量、好人氣的爆款一般具有一個優質的寶貝轉化率，而影響寶貝轉化率的兩個方面的因素是頁面的優化以及良好的客服品質。頁面優化，除了要優化寶貝標題中關鍵字的設置之外，對產品在詳情頁中的賣點進行提煉也是十分重要的。

產品的「賣點」就是指寶貝和其他商品相比較之下具有的與眾不同的特點和特點，而這些特點和特色一方面是寶貝與生俱來的，另一方面則是經由賣家進行適當的策劃而來的，將其運用在寶貝的實際銷售時，能夠使更多的消費者接受和喜愛，以達到賣家所希望的經營目的。

1. 產品賣點總結

將產品的賣點進行總結歸納之後，才能夠對其進行有針對性的策劃，提煉出更好的賣點。

1	是交易對象的需求點
2	需求點主體是目標受眾
3	應該滿足目標受眾的需求點
4	顯示較於競爭對手的優勢
5	可不同程度滿足目標受眾相同或相似的需求

圖 4-11 產品賣點

圖4-11所示是產品賣點的總結，最突出的一點就是買家的需求點，這也是從供需關係中反映在商品交易中最直接的因素。因此在進行產品賣點

提煉的時候，首先要考慮的就是銷售對象需求的總結，從需求出發，更容易向買家展現寶貝的元素。

2. 產品賣點的提煉

產品賣點的提煉需經過三步驟。首先，從產品自身的角度，充分地結合產品的基本功能，同時與消費者所考慮的基點牢牢結合；其次，從產品的說辭著手，將淘寶市場中所有產品的共性第一個說出來，並讓消費者牢牢記住，以產品文案的角度深深地烙印在絕大部分消費者腦海中，使他們提到需求就想到產品。

最後，把握住產品的唯一性，從差異化的方面做到市場的獨占，成為淘寶市場中的差異化賣點。與此同時，產品賣點的提煉也是以不同的基本元素作為出發點，其中包括情感的訴求、功能的訴求、原料的訴求、歷史的訴求、工藝的訴求、產地的訴求、技術的訴求、品牌的訴求、產品感官的訴求、消費者欲望的訴求等。

在更加具象化的產品賣點提煉中，通常總結如圖 4-12 所示。在對賣點進行提煉的時候，首先要確定好商品中所蘊含的需求的資源，同時以商品的權重大小將這些寶貝所蘊含的資源進行排列。在綜合排列之後，選擇最具競爭優勢的賣點作為提煉的重點。

1	羅列已有資源與受眾需求
2	排列區分受眾需求
3	對比已有資源和競爭對手資源
4	按有利原則再排序
5	傳播過程中的表達思路

圖 4-12　產品賣點提煉圖

一般來說，在商品交易市場上存在一定時間並且擁有較高知名度的商品，比起上市不久並正在市場打造的商品，具有更優質和更豐富的賣點提煉。圖 4-13 所示是經典黑芝麻糊，僅從時間的角度就能夠提煉出寶貝的一個較大的賣點，同時將其與美工策劃相結合，有效地將賣點放大，融入到買家的購物需求之中，結合賣點的感官因素吸引買家的注意力，以引起買家的購買衝動。對於不具備這種條件的商品來說，可以採取理性和感性並存的賣點推薦，抓住消費者的需求，展現寶貝的優勢。

圖 4-13　經典寶貝的賣點提煉

3. 產品賣點的提煉原則

　　一個能夠吸引更多買家的目光的賣點，不僅能迅速產生商品的銷售額，同時能夠讓商品擁有更多的賣點，可以最大限度地調動寶貝的每一個管道資源，可以大大地為爆款的打造提供保障。下表中詳細地向大家闡釋了賣點提煉原則。

獲利性原則	獲利性原則是商品市場中的首要原則。在任何買賣交易中，賣家都需要考慮到這一因素。對這一原則來說，不僅要考慮賣點會對賣家的收益帶來何種好處，更重要的是要為買家帶來怎樣的利益點，有買才會有賣，衡量共贏則是其中主旨
靈活性原則	產品的靈活性原則就是要求賣家在對其進行提煉的時候從產品的各方面著手，可以提煉產品的外觀、用途，也可以提煉產品的產地、包裝、品質等，讓買家對產品賣點的瞭解更加全面
實事求是原則	實事求是在買賣交易中是生存之本，不管是對產品賣點的提煉，還是在其他方面都十分重要
關注原則	關注原則就是吸引買家目光的原則。如果一件商品，賣家說來說去卻仍然沒有引起買家的興趣，那麼再在產品上花其他的功夫也是白費。因此在提煉賣點的時候注意抓住產品與眾不同的方面，便可以產生良好的消費群關注效應
傳播原則	利於傳播就是花最少的時間和最小的功夫讓瀏覽產品的買家看得明白，在一定的程度上能夠達到包圍市場的作用，讓買家一旦有購買的需求，就能夠想到店鋪中所銷售的產品，同時也能夠想到產品存在的店鋪。
時效性原則	通常來說，消費者的需求和對產品的關注度是隨著時間而不斷發生著變化的，因此在對產品進行賣點的提煉時也要注意實效性的原則。當注重這一點的時候，忽略時間，讓產品在每時每刻都能夠順應市場的動態發展

▍消費者意向

在淘寶的商品交易市場中，要想有憑有據地將所銷售的寶貝做成銷售情況可觀的爆款，就要讓更多的淘寶買家對其進行購買。因此對於淘寶的所有賣家來說，在挑選商品和銷售商品之前都要考慮所賣商品是否符合消費者的意願，能不能使其達到一種供需平衡的狀態。

圖 4-14 所示是消費者在進行商品購買時的消費意向調查，可以看到有關商品的基本資訊是消費者關注最多的數據。因此當賣家在進行一系列的寶貝設置和頁面配置的時候，就應根據數據的顯示，以消費者意向為主要參考，讓寶貝的相關介紹更能滿足消費者心理，使買賣之間的關係達到一定的共識。

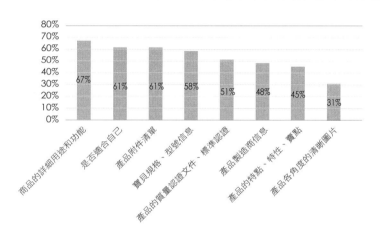

圖 4-14　消費者意向調查

▍抓住消費者的黃金三十秒

所謂的黃金三十秒，就是當消費者進入寶貝的詳情頁面後，在短短的三十秒內所可能瀏覽到的內容，這是我們初步吸引買家和黏著買家的最關鍵時刻，同樣也是買家決定是否能夠在此寶貝頁面停留的最具有價值的三十秒。

在寶貝頁面存在的黃金三十秒中，第一個作用就是能夠和寶貝的首圖相互印證，進一步加深買家對對寶貝的視覺印象，同時引起買家對寶貝更深一步的興趣，這種作用在寶貝的新生上市期以及熱銷期會有著不一樣的

作用。同時，透過黃金三十秒還能夠以突出新品品質為主，以更加精準的定向流量提高新品的轉化率，加速將新品轉化成為熱品和爆款，進而帶動高效的關聯寶貝轉化。第三個作用就是它的本質作用，即以最快的速度和最短的時間展示出寶貝的賣點，讓瀏覽寶貝的買家用這短短的時間清楚地瞭解到寶貝為買家自身帶來了什麼。在這些頁面中，黃金三十秒帶來了店鋪和買家相關資訊的流通。

1. 文字引導

在點擊進入寶貝的詳情頁面時，首先映入買家眼簾的是寶貝的主圖、標題、價格、大小、庫存等。在一些賣家眼中，可能這些地方只是介紹寶貝基本情況的一個版面，沒有更多的吸引買家目光、促進銷量的地方，更不可能達到頁面黃金三十秒的作用。其實不然，在黃金三十秒鐘，要把握好寶貝詳情頁面中從頭至尾的每一個環節。淘寶的最小可控單位，（Stock Keeping Unit, SKU）可以包含寶貝的價格、型號、顏色、品牌等，從這每一個最小的可控單位著手，實際上也就保證了每一個能夠讓買家注意到的點。

圖 4-15 所示的就是從寶貝頁面的抬頭開始，賣家在 SKU 中藉由文字的引導，將更吸引人的寶貝介紹呈現在頁面最顯著的位置，不僅優化了寶貝的基礎資訊，同時也加大了頁面黃金三十秒的作用。

圖 4-15　寶貝 SKU

2. 寶貝主題海報

　　在買家進行自主消費時，在很多的情況下，文字對於他的吸引力比不上圖片來得直截了當，多數買家在進行寶貝詳情頁面瀏覽時，也更加認同賣家用具體圖片的形式向買家進行寶貝的展示。寶貝的主題海報除了能夠以便捷的方式簡潔明瞭地展現細節和全圖外，更能透過這樣的形式在結合店鋪創意美工之後顯現寶貝的吸引點，同時能夠結合店鋪中所銷售的其他寶貝，達到關聯和推薦的作用。

　　圖4-16所示就是以寶貝主題海報的形式，向買家展示相關聯的寶貝，以套餐吸引著買家的購買需求。在專業的店鋪中所設計製作出的寶貝主題海報首先突出了主推的商品，同時透過色彩構圖等元素在圖中的共同組合，突出視覺點，以圖片的形式突出文字的重要性，也使得整個頁面更具觀賞性。

圖 4-16　寶貝主題海報

　　在寶貝的詳情頁面有關寶貝的介紹中，不管是主題海報的放置還是其他位置上的圖片，主要的目的就是抓住消費者的黃金三十秒，將買家留在店內。從淘寶系統的頁面設計上來說，就要以圖片設置的大小作為基本參考點，使得買家從瀏覽和體驗的角度上更加完美地瀏覽到寶貝的每一個詳情介紹。在設計圖片大小時，通常選擇480像素是最為適宜的。

　　寶貝的主題海報除了以圖說話外，某種程度上還能帶動店鋪中的關聯

銷售，讓買家在較短的時間內發掘店鋪中更多喜歡或感興趣的東西，進一步推動店鋪中的商品銷售。

3. 打消買家疑慮

抓住消費者的黃金三十秒，能刺激買家，能夠打消買家瀏覽寶貝時的疑慮。針對這一點，賣家通常選擇的方式是運用大號字體，以文字敘述的方式對寶貝介紹進行補充說明，或者是向廣大的買家訴說賣家在經營店鋪的真實情感。即使是短短的文字說明，對絕大數的買家來說都是十分受用的。

圖 4-17 所示的就是賣家設計的寶貝詳情文字說明。賣家首先用了大於平常字型大小的文字形式，藉由對寶貝的定價作出解釋、品質作出保障，也闡明了寶貝的熱賣原因，等於主動向買家闡釋了買家對寶貝最關心的地方。用話語的說明，能夠打消買家對寶貝的疑慮。這樣一來，也能更充分地體現出優質頁面的黃金三十秒。

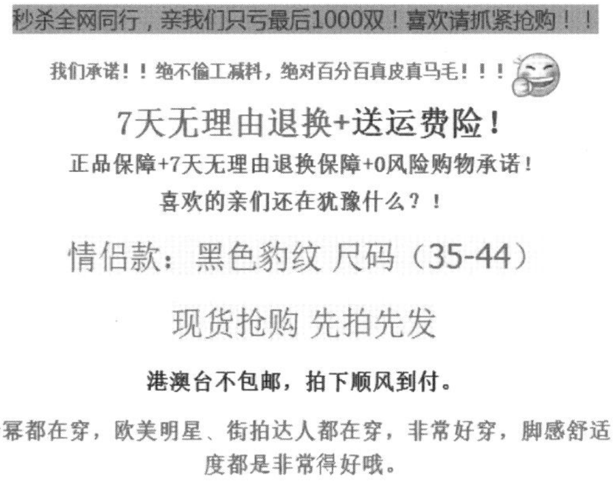

圖 4-17　寶貝文字說明

▌詳情頁排版設計

用巧妙的詳情頁排版，不僅可以使店鋪中對寶貝的介紹更加有條理，使買家在查看時更加清晰，同時透過合理的排版布局展現出店鋪的專業化，取得買家更多的信任。通常來說，一家將寶貝詳情頁進行隨意排版或

者不注重排版細節的店鋪，與寶貝詳情頁排版得當並且加以適量美工的店鋪相比，買家會選擇後者。這樣的選擇方式不僅是因為賣家能夠以一種更加專業的態度對待店鋪中所銷售的商品，更是賣家應該具備的責任感。這一點，在看不到實物的網路銷售中更顯重要。

1. 詳情頁內容排版設計

寶貝詳情頁內容是依照一種寶貝資訊遞進的形式進行排版處理的。用這樣的方式，能夠讓買家隨著滑鼠的下拉由淺入深地對產品進行一步一步的瞭解，如下表所示，來作出是否下單購買的決定。

1. 收藏＋關注	已收藏關注享受店鋪的福利（紅包、優惠券），在與其他店鋪的競爭中取得價格優勢，將買家鎖定在自己的店鋪之內
2. 焦點圖	選擇寶貝圖片中最能夠吸引人目光的一張，儘量在視覺的效果中使買家形成消費的心理
3. 推薦熱銷單品	瀏覽寶貝必經之處，適量地進行店鋪內其他寶貝的推薦，可以達到事半功倍的效果
4. 產品詳情和尺寸表	詳細地對寶貝進行產地、做工以及尺寸的介紹，使得消費者在購買寶貝前心中有數，避免售後糾紛問題
5. 模特兒圖	透過模特兒真人上身效果圖，全方位地展現出寶貝的每一面，使得買家更清楚寶貝的效果以及對比大小等
6. 寶貝實物平鋪圖	將上身示範和平鋪有機結合，清晰地展現寶貝的每一個方面，同時加上賣家對寶貝的具體推薦，引導買家的思索，配合好旺旺服務，為轉化率提供保障
7. 場景圖	將寶貝融進不同的場合，進一步解決消費者的疑慮和問題，將寶貝的美感全方位地展現
8. 產品細節圖	細節很重要。也有愈來愈多的買家執著於寶貝的細節方面，這也驗證著賣家的責任感。更多的細節圖對於店鋪的經營也是一種保證
9. 同類商品對比	為了挽留更多還在猶豫和糾結到底要不要購買這件寶貝，或者要不要在店鋪中進行購買的買家，可以適當地將好壞兩份寶貝進行對比，切忌將對比商品的具體資訊透露出來
10. 買家秀和好評截圖	以最真實的態度將商品以及店鋪相關評價等展現在尚未購買的買家面前，以事實說話
11. 搭配推薦	在詳情頁寶貝內容的末尾加上與寶貝相關的其他搭配，讓買家在熟悉所看寶貝的同時對其他寶貝產生購買欲望
12. 購物須知	透過購物須知，將店鋪裡關於寶貝交易的相關問題，包括退換貨處理、運費的承擔等提前作出相關的解釋和說明，讓買家在購物之前就瞭解店鋪的購物規則，最大化地避免因不瞭解店鋪購物須知而發生的購物糾紛

在表格中列出的 12 條在寶貝詳情頁上的內容排版設計中，整個頁面從頭到尾，從店鋪的基礎消息到寶貝的各種詳情再回歸到店鋪資訊，讓買家在對了解寶貝細節的同時也不忽視店鋪相關資訊，不僅能夠保證完整的寶貝情況被認知，同時也能夠確保買賣之間的交易不出現相關的糾紛，以避免影響店鋪的評分以及買家購物的心理。

2. 詳情頁頁面排版設計

詳情頁的頁面排版設計是站在美工角度上的頁面設計，將寶貝或者是店鋪的相關圖片與文字進行完美的結合，確保圖和字的比例相當，保證買家在進行頁面瀏覽時的審美需求等，都在頁面排版設計中得到處理。

因此基於詳情頁面中內容資訊的排版處理要求，內容上的排版與視覺效果應該相配，使整個寶貝的詳情頁面更具客觀性和欣賞性，能夠在視覺上鎖定買家，促進店鋪的轉化率，提高寶貝的銷量，將寶貝成功地打造為爆款，將店鋪打造成為真正的旺鋪。下表列出了各區域應該放置的資訊。

1. 品牌展示區	在此區域中，可以設置店鋪的品牌宣傳板塊，並且可以加入店鋪的收藏版面，讓整個頁面以店鋪為中心
2. 促銷廣告區域	在這個區域內適當地增添一些店鋪之中的寶貝促銷和店鋪活動等，在寶貝的詳情頁面中加深其他寶貝頁面或者店鋪內的訪問深度
3. 公告區域	這個區域內，主要針對的是店鋪中的配送問題、快遞問題、商品的庫存問題、店鋪售後以及客服問題等。用該版面的設置，使買家更加清楚店鋪的交易規則
4. 用戶體驗區	這個區域的內容最容易激發客戶查看寶貝時的感受。賣家對頁面設計的專業程度以及寶貝的相關資訊，即寶貝資訊、價格對比、文案描述等，都會透過頁面回饋給買家。 在這個區域之中能夠做的頁面排版效果，首先在於能夠刺激消費者的購買欲望；其次以具體的寶貝實物圖、產品細節圖、真人秀等因素激發買家在瀏覽頁面時的感性購物心理；最後能夠以專業化的點評、評測版面等引起正處於猶豫階段的買家的共鳴，進而進一步加強買家的購買欲望。 下一步透過頁面排版中的寶貝頁面區類、熱賣推薦以及鎮店之寶的推薦，將買家帶入店鋪中的理性消費中，突出賣家誠信經營的開店守則，同時運用詳情頁面中排版對想要進行消費的買家進行理性的引導，避免退換貨情況的發生

透過對詳情頁的頁面排版設計所形成的板塊的顯示，將賣家所需要做的寶貝相關介紹以理性的方式進行展現，讓瀏覽頁面的買家有清楚的購物

頭緒，同樣也讓賣家對寶貝的相關設置有清楚的權重大小的分辨，在盡顯賣家店鋪成熟的同時，可以有效地提高店鋪的相關數據，對爆款的打造具有很強的推動力。

無線端詳情頁設計

淘寶的無線端愈來愈受到買家們的關注，不僅是因為透過無線端的方式能夠隨時隨地想看就看，而且因為無線端的系統或者說店鋪和寶貝的設計更加簡潔，能夠讓使用者一目了然地進行使用。在這樣的大趨勢下，更多的賣家開始注重無線端的詳情頁設計。

圖 4-18 所示是淘寶寶貝發布頁面中關於寶貝的描述特意為手機端設計的版面，用更具針對性的編輯，使得透過無線端查看寶貝詳情的買家節省了緩衝 PC 端圖片和文字所需的時間，能夠更加直截了當地查看到賣家最簡單的、更利於無線端查看的寶貝詳情。

圖 4-18　寶貝無線端描述編輯

無線端的寶貝簡易編輯比電腦端的更為言簡意賅。當賣家在對無線端進行編輯的時候，可只保留與寶貝情況相關的圖文，去掉其他的一些描述，讓買家在手機螢幕上，以有效的時間和空間查看到更多與寶貝相關的情況。當買家在確定購買或者想要更進一層次瞭解時，可以用顯示全部詳情來查看到電腦端的詳情頁描述，這樣的方式往往是許多買家所能接受和

希望的。

在進行無線端詳情的設計時，兩大構成要素是必須要考慮的 ：文字和圖片。對於文字，由於手機的顯示問題而不宜選用大段的文字，只在要出現關於寶貝大小等尺寸介紹的時候使用。同時為了避免字體段落不整齊的現象出現而影響視覺效果，可以採用表格的形式，如圖 4-19 所示。對於圖片來講，由於以無線端瀏覽的買家通常喜愛圖片多於文字，因此可以選擇多用圖片的設計原則，最大限度地抓住買於家的目光。

另一點需要賣家注意的，由於買家在無線端瀏覽的速度相對較快，因此選擇的圖片顏色應該較為突出，能夠造成強烈的視覺衝擊效果，如圖 4-20 所示。由於無線端的一些局限，寶貝圖片應該選擇較為有代表性的圖片，特別是寶貝的主圖選擇，一般採用的是五圖制，即第一張為寶貝正面圖、第二張為寶貝側面／背面圖、第三張為寶貝細節圖、第四張為寶貝包裝圖、第五張為寶貝促銷圖。

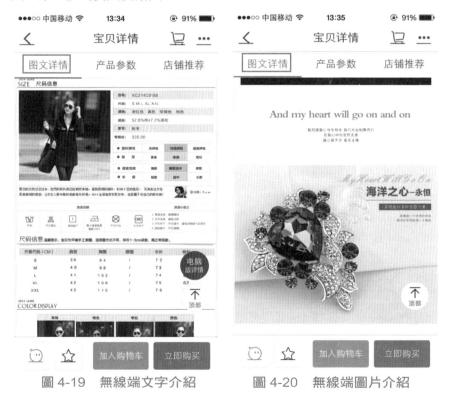

圖 4-19　無線端文字介紹　　　　圖 4-20　無線端圖片介紹

運用無線端對寶貝進行詳情瞭解的買家一般採用手指從下向上滑動，針對買家這種習慣動作，對詳情頁的布局就宜採用相對應的方式，按照瀏覽者的使用習慣合理地佈置排列文字，同時可以選擇增加模組等方式，使手機淘寶頁面更具趣味性和新奇性，以電腦端設計為契機，將無線端設計得更富創意。

第 5 章

規劃爆款

要得到爆款，賣家必須先對「爆款雛形」進行規劃，透過對爆款的規劃，深刻瞭解寶貝的各項定位，挖掘寶貝能夠形成好銷路的方法，才能夠得到爆款。

賣家必須根據店鋪自身的營運條件，透過規劃，讓寶貝的銷售「破零」，以奠定往後的商品熱賣基礎。

規劃破零策略

任何一件在淘寶中銷售的寶貝，都是從最初上架後的零銷量不斷地進行銷售，最後達到爆款的銷售數量的。在這個過程中，最重要的一步就是寶貝的破零銷售。只有在銷售破零之後，才會讓接下來的買家去購買，同時銷售破零之後，寶貝所接收到一定數量的好評，才使得銷量朝「爆款寶貝」發展。

破零，不光對一般寶貝的進一步銷售有促進作用，對爆款寶貝的打造來說更是不可小覷的質量飛躍。因此在對寶貝進行爆款的打造時，就要對寶貝銷售的破零制定出詳盡而完整的策略，使寶貝在最短的時間內產生最快速和高效的轉化。

▍定位

定位是店鋪發展以及寶貝出售的一個重要的前提保障，只有先確立了店鋪以及寶貝的定位，才能夠在之後的店鋪、寶貝宣傳，產品定價以及各種促銷活動上出發，將店鋪推廣到更多的定向人群中，才能夠讓寶貝銷售得出去。在這樣的定位前提要求下，首先要做到的就是了解在淘寶中瀏覽寶貝的買家的各種心理，根據這樣的消費者心理對店鋪應該如何銷售進行對照思考。

圖 5-1 所示為絕大部分選擇淘寶進行消費購物的買家對淘寶的消費心理，包括足不出戶的在家收貨、淘寶網的商品往往比實體商店有更多的類目產品、在淘寶經營的許多店鋪讓買家有貨比三家的考慮和選擇、沒有多餘的中間環節，價格較為便宜，最突出的是進口代購的商品中的價格優勢。

對於淘寶中的這些優勢，一般將其總結為多、快、好、省，這樣的優勢通常是在此經營的店鋪所必備的開店要求。要想將自己的店鋪和經營的寶貝打造成為銷量的冠軍，那麼面對強大的競爭，要在商品本身尋找到更多亮點，同時在店鋪的營運中也要發掘出更多的優質策略。因此，經營爆款、爆店的首要任務就是找好各種定位，在有指向性的經營中攫取到更多爆點。

圖 5-1　買家心理瞭解

1. 店鋪定位

淘寶這個大市場，好比是一塊混合口味的大蛋糕，要想在這一大塊蛋糕中找到適合自己口味的一塊，需要為店鋪進行合適的定位，一個適合自己經營的店鋪是能夠保證所售寶貝的銷售量、轉化率等的前提。

(1)價格定位

在店鋪經營和商品銷售中，價格定位是至關重要的大前提。將價格進行定位，不僅能夠制定好店鋪中所銷售的寶貝定價，同時還能夠確定好店鋪的指定人群。此外，價格定位的高低，一定程度上能夠直接影響店鋪的各項營運。因此，在進行店鋪定位的時候，首先就是進行價格方面的定位，而這種定位最終直接體現在寶貝的銷售價格上。

圖 5-2 所示是一家銷售寵物用品店鋪的一部分寶貝定價，從中可以看到其定價都控制在買家能夠接受的範圍之內，其中還摻雜著較為便宜的寶貝。這是將店鋪的價格定位製成了相對親民的價格，讓更多買家能夠較快地接受定價並下單購買。

瀏覽完整個店鋪後，買家會發現寶貝的價格基本都為幾十元，其中也有幾塊錢及價格相對較高的商品，但整體的銷售量都不會太低，這就是從價格的親民定位上將店鋪也定位成為親民店鋪。身為賣家，絕不可以忽視

較低定價對店鋪經營以及寶貝銷售的拉動作用。就這家店鋪的銷售情況來說，價格便宜或是適中的寶貝都能夠拉動店鋪中價格稍高的寶貝，這樣不僅能夠使該件商品好賣，更能讓全店的商品都好賣，這在很大程度上能夠促成店鋪經營成為爆店，從而帶動爆款寶貝的打造。

圖 5-2　寶貝價格

(2)品牌定位

　　開店之前的品牌定位同樣也是將店鋪進行定位的有效方式之一。通常品牌買家們可以看出店鋪的銷售是自營還是代銷，從而吸引相對應買家的長期關注和固定培養。因此一個響亮的、能夠被廣泛買家認可的店鋪品牌定位非常有利於店鋪的經營發展以及爆款打造。

　　圖 5-3 所示的就是將自己店鋪的品牌進行定位後的淘寶店鋪。定位之後的店鋪整體形象不僅顯得更加專業，同時也讓買家感受到店大的各種保障，例如好品質的保障、售後服務的保障、發貨的保障等。因此在店鋪的定位上，要想在後期較為輕鬆和有效地打造爆款，對店鋪進行品牌打造是最有效的保障。對於圖 5-3 中的店鋪來說，打造完成品牌的定位以滿足上述

的保障問題之外，對於店鋪中所銷售的各類商品的設計風格等同樣有良好的定位作用，使店鋪更能把握整體風格，讓更多具有定向購買需求的買家能夠對其進行選擇。

圖 5-3　店鋪品牌

(3)風格定位

　　在店鋪的定位中找到合適的風格定位，最有利於尋找到合適的購物對象，然後精準地進行寶貝的銷售定位，便能使寶貝找到合適的銷售出路，在一定程度上可以有效地幫助爆款的單品打造，非常有助於之後的寶貝銷售。

　　圖 5-4 所示是一家風格為復古女裝的店鋪寶貝平鋪圖，圖中的模特兒上身效果實拍圖讓瀏覽的買家感受到濃濃的風格。這樣的寶貝風格定向選擇對於準確地控制進店消費的買家有一定的效率，而這種效率往往讓店鋪經過適當合理的推廣後，便能在相對較短的時間內完成寶貝銷量質的飛躍，更能促進寶貝的推廣以及銷量。

圖 5-4　店鋪復古風格寶貝

(4)客群定位

　　店鋪開張包括賣什麼、賣給誰等基礎要素，其中的賣給誰被稱為店鋪定位中的客群定位。將客群定位好的最終目的，就是為購進怎樣的商品做好準備。一般來說，不同的客群會有不同的購物主導需求。

　　圖 5-5 所示為幾類不同的消費群體，包括只為自家寶寶購物的媽咪黨、見到好看好玩好吃的就想要購買的女青年、有自己喜歡的明星且任何事都想要保持同步性質的追星狂人，以及圖省事方便，想要足不出戶坐等收貨的省事客群，他們都有各自的購物需求和標準。

　　因此在進行店鋪客群定位時，賣家首先要考慮好賣給什麼樣的人，透過一定的市場調查，將最願意在淘寶上交易的客群作為首選目標，並以此來進行隨後的系列準備。這樣的方式有利於發現交易熱門客群，從而使寶貝的銷售具有一定的保障。

圖 5-5　不同客群的購物指向

(5)附加定位

　　除了以上店鋪定位中較為重要的因素之外，還有一些其他較為細小的定位因素。首先提及的一點就是店鋪的服務定位。如果服務好，即使沒有真正成功交易，同樣會留給買家良好的購物體驗。

　　在店鋪下次發布新品時，透過相關的提醒也可以有效地吸引一些來店諮詢的買家光臨。圖 5-6 所示為一家店鋪在客服點擊處為買家們留下的字樣：「客服服務不好，零容忍。」這樣的投訴對店鋪有壞影響。賣家為店鋪在旺旺客服上的服務制定了相關的定位，那就是一定要以買家為中心。同時也對買家在店鋪的服務上作了承諾和表態，讓買家能夠更加省心省力。這樣優質的服務定位，應該是絕大多數買家和賣家所希望看到的。

圖 5-6　店鋪客服要求

　　除了店鋪附加定位中的服務定位之外，還有一個店鋪裝飾上的定位。在裝飾上的定位往往同店鋪的風格等是相互照應的，特別是在寶貝的包裝上是否與店鋪的裝修、寶貝的設計相符合等，同樣能夠讓買家成為店鋪中

的常駐買家，進而為爆款寶貝的打造提供保障。

圖 5-7 所示為一家店鋪定位為溫暖手做的買家評價，從圖中可以看到，店鋪的包裝定位也如手做般的簡潔雅致，因此在一定程度上為店鋪增添一抹符合其自身長線發展的色彩。

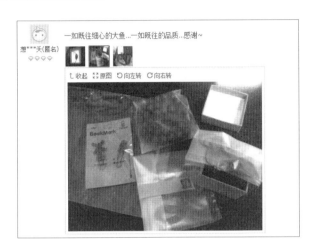

圖 5-7　店鋪的寶貝包裝

2. 寶貝定位

定位的另一個較大的方面就是寶貝的定位。寶貝的定位就是結合賣家經營的實際情況以及買家的即時動向，將商品在店鋪中的分配實現最佳化。相比寶貝的定位和店鋪的定位，能夠與銷售量取得直接關係更多的還是寶貝的定位。寶貝的定位能夠直接幫賣家找到值得銷售的寶貝、擁有針對性的買家群體以及對經營的合理規劃等，對淘寶以銷售量說話的爆款打造非常重要。

因此，對於賣家來說，在店鋪開店前，除了對整個店鋪進行規劃外，更重要的就是要對寶貝進行適應店鋪發展且合情合理的定位，並從這樣的定位中選擇更好的寶貝，以得到更多買家的關注和幫襯，讓寶貝的破零和銷售不再是一件難事。

圖 5-8 所示為寶貝定位的關鍵點。從圖中可以清楚地觀察到，在寶貝的

定位關鍵中，以買家作為參考的主要對象，其次是所選商品的價位等。由於寶貝的定位直接關係著店鋪的營運以及寶貝的銷售量，使所策劃的爆款銷售形成由零到突破的飛躍。因此在寶貝的選擇和定位上，要以滿足自身優勢條件為基礎，促使寶貝在打造成為爆款的短時間之內被買家買到，以定位來獲得寶貝的初始流量以及初始銷量。

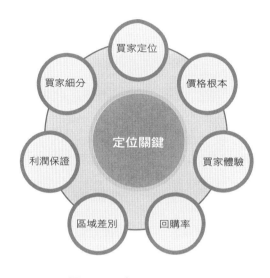

圖 5-8　寶貝定位關鍵

(1)目標客戶

　　有了目標客戶才會有寶貝的銷售。在考慮商品自身的定位時，應以買家的需求作為參考目標，將寶貝設置得更有定向性和針對性。

　　圖 5-9 所示是一款手機殼的定向銷售模式，透過不斷深入，會帶來更加明確的目標客戶源。最初的銷售手機殼針對的買家群體是瀏覽淘寶用戶中所有擁有手機的買家，然後過渡到銷售蘋果手機殼，針對的目標客戶就是使用蘋果第 4 代、第 5 代和第 6 代的買家，這就過濾掉使用其他品牌和機型的淘寶買家了，讓進店瀏覽的買家更有針對性。

　　但是這種制定有明顯缺陷，沒有考慮到蘋果手機用戶的各種不同的愛好和風格，當買家進入寶貝的詳情頁面之後，發現想要的手機殼和店鋪中

的手機殼大相徑庭時，就會在較短時間內關閉頁面甚至離開店鋪，因此大幅地增加了銷售寶貝的頁面跳失率，也影響了寶貝以及店鋪的整體排名。這時，將寶貝作有指向性的定位，將其確定為韓國進口手機殼，針對的是一些對韓國商品更青睞的年輕買家，特別是一些平日較崇尚韓國流行事物的年輕女性買家。

接下來，不斷細化寶貝的定位，讓買家能夠一目了然地瞭解到這個寶貝是不是自己所喜歡和希望買到的。若有這類需求的買家，就可以在較短時間之內有效地將寶貝銷售出去。

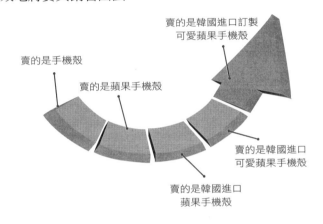

圖 5-9　手機殼定向銷售

對於目標客戶，除了以上例子的具體細分之外，賣家還可以從受具體買家青睞的不同類目產品中得出認知。通常，購物消費占比多為女性買家，因此將寶貝的目標客戶定為女性專用的或者女性喜愛的寶貝，更容易獲得較高的流量及銷售空間。並且，在淘寶網中的一定數量的爆款中，近一大半的寶貝為女性的訂製寶貝，而另一部分的爆款寶貝也都是女性買家能夠涉及的寶貝種類。合理地尋找到目標客戶，不僅有利於賣家對寶貝的選擇，同時也有銷量的保證。

(2)價格指標

對於寶貝價格指標的選擇，往往會涉及店鋪的發展程度，即是「高端

店鋪」還是以銷量為主要經營方向的「中低端店鋪」。另外，也能夠從寶貝定位中的價格指標上，清楚地得知買家是哪一類型。

一般而言，在寶貝的銷售上，特別是在爆款寶貝的銷售上，都是以相對其他同類型寶貝更低的價格來獲得更多的買家。因此，寶貝在銷售起步階段是否能夠完美地突破零的銷售額，價格上的優惠往往能夠比其他方式的定價更具優勢。

圖5-10所示是在淘寶中對任意寶貝進行爆款搜索後得出的搜索結果。這四件寶貝分別是冬季保暖褲、打底衫和靴子，其價格在同類寶貝中相對較為便宜，並且一、二十元的價格也是能被多數買家所接受的。因此在爆款打造時，對爆款寶貝在價格上的定位，可選擇一些相對有著較強的價格競爭優勢的定價作為寶貝的定位參考，力求在最短的時間之內打開寶貝的銷售量。

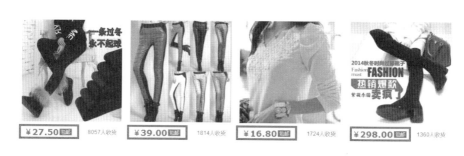

圖 5-10　爆款寶貝價格

(3)買家興趣

買家消費的時候，除了價格方面能不能接受之外，最重要的因素就是寶貝是否是自己想要購買的，如果買家對一件寶貝沒有絲毫興趣，那就別談購買了，可能也沒興趣點擊瀏覽。因此，當賣家選擇銷售的寶貝後，就要透過各種方式，例如詳情頁面的相關介紹、主圖和配圖中的其他相關搭配，不僅必須襯托出寶貝的特點，同時用布局和相關配色上的處理來提升寶貝的賣點、攫取買家更多的興趣。

圖 5-11　寶貝比較

　　圖 5-11 所示為兩家銷售同款寶貝的店鋪展示給買家的寶貝主圖。從直觀的角度上看，左側的寶貝圖用上身實拍以及完整地懸掛在衣架上，給買家留下整體印象。相比之下，右側的寶貝主圖更多地是為了凸顯毛衣的顏色選擇而忽略了寶貝本身相關細節的呈現。當買家查看到這一組寶貝圖的對比之後，在價格和其他相關因素相同的情況下，作為買家興趣點之一的上身效果便很能抓住買家的消費興趣，寶貝的流量以及銷售的差距就不言而喻了。

(4)貨源保證

　　在進行寶貝定位時，為了保證有足夠的寶貝進行銷售，應該選擇一些貨源相對來說較為穩定的寶貝來長期經營，以便及時有效地提供給喜歡它們的買家，同時也能認真遵守淘寶的發貨規定，不讓店鋪受到評分損失。

▎行銷

　　爆款的行銷是指賣家針對自己與買家之間的關係，從店鋪或者淘寶市場的整體氛圍為買家營造出能夠有效推廣和銷售寶貝的體系，讓買家或者瀏覽寶貝的淘寶客戶能深刻地瞭解到寶貝，進而產生購物消費心理。在正

常的爆款打造和銷售中，賣家往往採取的都是一些按部就班的打造流程，而忽略了行銷方面在爆款打造過程中帶來的各種好處。圖 5-12 所示為淘寶寶貝行銷的四大主要因素：產品、價格、管道、促銷。正是透過這四大行銷因素的關鍵作用，為寶貝的爆款打造形成進一步的爆發點。

圖 5-12　寶貝行銷四大關鍵

第一環：寶貝自身

　　任何事物，最關鍵的是究其自身的內在原因，無論外因為其製造了多少爆點，如果自身不具備銷售的熱點或者引流的入口，花再多的功夫可能也會付諸流水。在寶貝進行爆款打造的行銷上同樣也需要抓住根本，從內因上會打通整個環節，讓寶貝的進一步銷售獲得更強大的支撐。

　　在整個爆款的打造過程中，寶貝自身完全展現在買家面前，買家透過電腦螢幕感受和瞭解寶貝的詳細介紹和具體使用方法等，自主下單，為寶貝的銷路帶來完美的破零。對寶貝自身來說，絕大部分買家關注的是寶貝所選擇的圖片，在很多情況下，行銷第一環節就是以圖片的行銷方式來展現。在寶貝自身的圖片行銷中，通常應注重以下幾點：

　　(1)建立店鋪顯性特徵，設置有高度記憶性的圖片。

　　(2)營造差異化圖片。

　　(3)配合相關搭配銷售圖片。

　　(4)買家秀圖片。

　　(5)鮮明時尚指向性的圖片。

　　(6)功能介紹性的靜物圖片。

　　(7)生產流程圖片。

(8)圖文結合的圖片。

圖片在寶貝行銷環節中的重要性其實是如此得簡單明白，正是這樣的簡單，恰恰是推動爆款銷售的關鍵環節，為寶貝的自身發展提供了更好的保證。

第二環：獲利方式

很多賣家會簡單地認為，在淘寶中開店鋪賣東西就是從成本和利潤兩者的差價中獲利，很少考慮其他的因素能夠取得的其他收益，從而無形中大大地降低了賣家本應獲得的更多收益。因此，在進行爆款行銷時，應當對店鋪的各種獲利方式進行認真深入的探索。

(1)貨源獲利方式

賣家在營運店鋪時貨源的重要性，都是不言而喻的。同樣的寶貝，在進貨源頭的環節上賣家對應的是不同的價格，而在競爭激烈的市場中銷售的價格差異不大，那麼很顯然，貨源進價越低，賣家的獲利越高，有利於賣家進一步增加店鋪的規模，使正在打造的爆款被進一步推爆。

在貨源環節，要做到最節省成本，同時最能讓買家對寶貝的品質等放心，一大貨源就是自營貨源。藉由自己生產，自己銷售，在出貨時大大減少了賣家在貨源上的各種顧慮，不僅在寶貝的生產上符合自己所想，也能最大限度地保證寶貝的品質，能夠合理有效地對寶貝進行監管和控制。

圖 5-13 所示是一家擁有自己製作工廠的淘寶牛仔店鋪，寶貝詳情頁面為買家展現自營工廠的工作後臺、成品展示、製作過程以及寶貝儲存倉庫的相關圖片資訊，讓買家能夠瞭解店鋪最真實的一面，瞭解寶貝從設計、生產到最後出庫的全流程，在一定程度上能夠增強買家消費信心，加大買家對寶貝的購買欲。

這樣，不僅可以使寶貝的銷售量得到完美的提升，而且可以讓賣家用更省心和更少的投入，換取更多高效的爆款行銷利潤，形成整個爆款寶貝打造的良性迴圈，讓寶貝既能夠成為淘寶中的熱銷款，又能夠成為淘寶中的長銷款。

圖 5-13　寶貝生產線展示

　　圖 5-14 所示為一家自家生產白米的賣家在寶貝的詳情頁上進行的圖文介紹。在向買家保證白米的品質及售後保障的同時，也將自家的稻田進行了系列的展示，用自己的質樸打動更多的買家。賣家藉由自營自銷的方式，省去了中間米商對白米的額外加價。

　　透過自己經營，在一定程度上降低白米在淘寶網中的定價，卻增加了銷售金額及獲利，使自己作為米商能夠直接接觸到買家，買賣雙方都能夠獲得更多的實惠。

圖 5-14　寶貝貨源圖文

(2)銷售經驗獲利方式

　　有經驗的賣家往往對爆款的行銷有較高的建樹。他們不僅在寶貝打造的各階段調整銷售方案，使銷售能夠適應淘寶以及買家的變化，同時可以利用常年累積的淘寶銷售經驗，結合寶貝所產生的數據，進一步引入寶貝的流量，從而獲得更高的銷售獲利。

(3)推廣工具獲利方式

　　在淘寶商品爆款打造的行銷操作中，為了更省時省力，就要利用推廣

工具。

　　推廣工具對寶貝的最大作用是增加寶貝的曝光率，讓更多買家能從瀏覽淘寶網的過程中發現寶貝，並點入寶貝詳情頁瀏覽，然後購買寶貝，從而提升寶貝的銷售額。在爆款打造的行銷中常被使用的推廣工具有直通車、鑽展、淘寶客等，它們都能夠有效地拓展寶貝在淘寶頁面中的出現率，但除了能夠看見推廣工具為寶貝帶來的宣傳作用外，賣家還要適當考慮使用成本及使用方式，以保證店鋪在正常營運下收到寶貝良好的推廣效果。

　　然而，未必使用了推廣工具就一定能夠收到良好效果，有時甚至會造成賣家虧本，寶貝獲取曝光率的流量依然不理想。因此將其作為唯一的行銷方式也會有一定的風險。賣家需要謹慎選擇，同時諮詢有經驗的使用者和參考相關爆款打造的實情後，再確定是否使用。

(4)客戶群體獲利方式

　　任何形式的銷售都不能夠忘記銷售的主體對象「買家」。有些買家會為店鋪和寶貝帶來一次性的流量和交易量，另一些買家則會在第一次成功交易之後選擇再次或者長期來購買，甚至有一些買家還會推薦自己周圍的淘寶購物群體來購買，為店鋪帶來全新的流量及銷售量，這就是爆款行銷環節中的客戶群體獲利方式。

　　將在店鋪中購買了一次或者多次的買家群體保持良好聯繫，是一種長期有效經營的方式。作為以客戶群體為獲利主體的行銷手段，賣家們常會選擇制定 VIP 折扣、贈送會員小禮物等方法，還有就是銷售給某個經常光顧的買家客戶群體的店鋪寶貝是其他新顧客等無法購買的寶貝，這不僅讓這些買家群體在店鋪中產生優越感，同時也刺激其他新買家產生購買此寶貝的願望而進行多次消費，因而能有效地固定一批客戶群體，為寶貝的銷量打下基礎。

　　圖 5-15 所示為一家銷售手工護膚品的金牌淘寶店鋪針對店鋪中的老會員專門製作的精華液。從寶貝的標題以及詳情介紹的文字部分都清楚地向買家告知了這款寶貝銷售的群體及銷售方式。這樣的行銷方式常會搭配銷售，讓老會員搶先嘗試店鋪中的最新寶貝，也督促著新買家在店鋪中累積

購物取得會員身分，既讓買家感受到店主對他們的濃濃情意，也有效地推動了店鋪寶貝的相關銷售。

図 5-15　會員專享寶貝

第三環：銷售管道

　　社會的發展變化，促使網路形式的淘寶銷售管道變得愈來愈多樣性，使得買家在進行購物選擇的時候更加便捷。如今，愈來愈多的人都關注到了一些主攻社交的平臺，例如微信或阿里巴巴旗下的「來往」等，年輕時尚男女的必備 App 儼然成了購物主戰場。

　　無論是 PC 端還是手機端，當我們在進行必備軟體的下載和安裝時，通常會將淘寶以及相關的社交軟體作為必選。因此，每一個淘寶賣家要想使店鋪的經營更加符合網銷時代的步伐，同時讓更多買家更加便捷地購物，可以將傳統的淘寶與人氣社交平臺相結合，讓買家與賣家之間的交流更加快捷方便，在每日瀏覽中關注到店鋪的每一個動態，在購物時擁有絕對的時效性。

　　図 5-16 所示為淘寶店鋪中寶貝銷售的微信訂單專拍。它主要是透過賣家以店鋪的形式註冊一個專用的微信帳號，並且將購買過店鋪中寶貝的買家加為好友，在每次店鋪上新的時候，首先將寶貝放置在微信平臺上，讓

加為好友的老買家先進行挑選，完成之後返回淘寶中拍下並付款。這樣的銷售管道首先是對老顧客的回饋，同時也能避免新顧客因各種原因對寶貝的評價或者是店鋪動態評分帶來的不利影響。

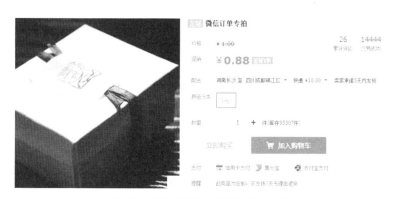

如果你点开新品链接，发现跳转到此页面
即表示该件商品已在微信平台上售出。
此链接为微信上的订单专拍。

圖 5-16　微信銷售管道

合理地運用人氣軟體平臺，去給傳統的淘寶購物注入全新活力，讓買家看到店鋪的新意，也看到賣家的關懷，增加店鋪的人氣，並且以此方式將寶貝展現在更多買家面前，進而帶來耳目一新的感覺。

第四環：傳播管道

在進行寶貝爆款打造的行銷環節中，對銷售影響較大的一個環節就是寶貝的傳播。所打造的寶貝經過層層的包裝以及各種準備，就是為了在傳播時能吸引更多的買家。適當地拓寬寶貝的傳播管道，能充分展現之前為寶貝做的一切努力，並吸引更多的流量及成交量。

寶貝的傳播管道分為網內和網外。網內主要是藉由自然流量以外的人工流量，包括需要付費的各種推廣工具、淘寶論壇等，在全網中為寶貝的展現下足了功夫；網外的傳播管道，除了在各大論壇、微博、博客上發帖介

紹之外，就是合理地使用除了淘寶購物平臺之外的其他購物平臺、社交平臺及分享平臺，透過寶貝的分享以及推薦，提高寶貝在高人氣平臺上的曝光率，再附上相應的寶貝連結，讓各式各樣的買家都能夠在除淘寶之外的地方看到，隨時隨地想淘就淘。

圖 5-17 所示是在「堆糖網站」上以分享帶來的淘寶寶貝及其連結。在其上的放置，會比寶貝出現在淘寶中的競爭對手更少，讓一眼看中這款寶貝的買家能夠直接點擊進入堆糖網分享的寶貝連結，給寶貝帶來流量和銷量。

圖 5-17　外網連結

傳播的管道越寬廣，所能夠得到的寶貝曝光率也就越高，這對於爆款的打造來說有極大的幫助。在爆款的行銷中，就是要凝聚極大的人氣才能夠將爆款寶貝推廣出去，為即將湧入的交易量打下堅實的基礎。

▌規劃七天螺旋

在淘寶的爆款打造過程中，能夠合理地在寶貝打造初期規劃和檢測寶貝銷售情況的重要方法就是「七天螺旋」。由於淘寶系統有個重要的規定，即七天上下架週期。在第一個週期中，透過流量和銷量等的引入，讓寶貝形成一個良好的上升趨勢，在下一個七天週期中，寶貝的各種數據會形成一個新的上升趨勢，至此，寶貝會呈現一個螺旋般的增長。寶貝的七天螺旋基本原

理，就是藉由淘寶的搜尋引擎來確定一件寶貝是否能夠達到爆款所需滿足的條件。因此，從寶貝的搜索處入手，才能夠為寶貝的七天螺旋規劃提供保障。

行業分析、自身競爭力分析是除了七天螺旋之外的另外兩大重要影響因素。

行業分析，通常包括市場分析、由專業數據檢測軟體提供的相關數據闡釋，以及行業在最近一段時間中所形成的最新指數等，讓寶貝的選擇基本上符合行業的發展，才會得到有數據支撐的七天螺旋規劃。例如服飾方面，在馬上就要立春的季節裡，賣家想要規劃出一款加絨加厚打底衫的七天螺旋，可能只有少量的透過購買過季寶貝的成交量來得到相關數據；而如果換一件開春的薄針織衫，那麼商品自身便會成為當季寶貝，讓沒有新裝的買家選擇購買，所產生的數據就遠遠高於在這一時段規劃冬裝寶貝所產生的數據。

還有一點就是自身競爭力考量，只有一件自身具有較強競爭力的寶貝，才會吸引買家能夠點擊瀏覽或者購買，從而獲得一定的數據量，使七天螺旋有據可依。

一般來說，一件寶貝擁有較高的自身競爭力，表現在高於同行水準的點擊率、轉化率、較大的寶貝數量和較好的店鋪客服服務，同時擁有高品質的寶貝供應鏈保障等，才能夠在競爭激烈的淘寶市場中產生相應的數據，為賣家規劃寶貝的七天螺旋時擁有寶貝指數的支持。除了這兩點，賣家同樣需要考慮的就是順勢而為，在遵守淘寶規則的大前提下將寶貝的七天螺旋進行科學、認真的規劃。

寶貝的整個七天螺旋，我們通常將其看作是完美實現爆款寶貝打造價值體現的一個操作過程。要想利用好這七天的週期，讓寶貝數據穩健上升，要求賣家在打造中嚴格參照數據進行分析，以寶貝被訪問以及全網的寶貝搜索優化來實現螺旋上升操作。

▍數據圖表分析

寶貝在淘寶中的七天螺旋的相關圖表，只是用一個醒目的直觀形式，向賣家展現寶貝在經過七天自動上下架的一個時段內所達到的數據統計反饋，讓賣家藉由這樣的圖示充分瞭解寶貝的詳細情況，據此做好下一個週

期中寶貝所需要進行的改進和提升，讓寶貝在下一階段所獲得的數據與之前數據共同形成穩健上升的螺旋，提升寶貝的排名。

在淘寶中做七天螺旋，最重要的是打造寶貝的自然排名以及累積更多的流量，讓寶貝賣得更多，賣得更好。最重要的是累積相關的權重，包括銷量、轉化率、人氣等，使淘寶系統認為所銷售和打造的這件寶貝足夠完美，值得向更多買家推薦。七天螺旋圖中並不是將接收到的數據放在圖中就結束，而是用抓取圖中上升或下降所體現出的寶貝關鍵數據來進行相應的計算分析，將對寶貝打造最有用的數據作為爆款打造的指導，對寶貝的各方面進行修改，讓寶貝累積到更多的排名權重。

圖 5-18 所示為一款爆款寶貝在前四週的打造和銷售中的相關數據形成的七天螺旋圖。從圖中所呈現的螺旋走向趨勢我們可以觀察到，從寶貝打造的第一週起，在這七天裡都是以向上的趨勢增長的，在接下來的一個個週期中，都會以前一週裡的週二或週三的基數作為繼續上升的趨勢發展。這就是一個較為典型的七天螺旋圖示。

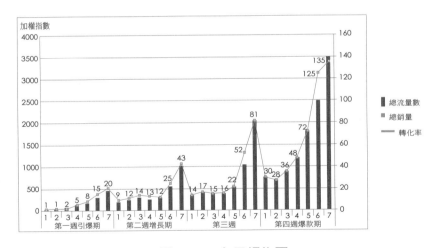

圖 5-18　七天螺旋圖

大部分七天螺旋圖上都有天數、流量指數、銷量指數、轉化率指數以及相關占比等，透過它可以得到寶貝銷售的狀態，特別是流量與銷量之間

的關係。如果一件寶貝擁有的絕對流量和銷售量之間的關係成正比，便表示寶貝的轉化率十分不錯，會讓該寶貝在淘寶中的相關搜索排名得到一個十分可觀的位置，會讓更多想要購買這類寶貝的買家選擇在自己經營的店鋪中購買寶貝。

圖 5-19 所示為一件寶貝的七天螺旋圖，其中就包含流量、轉化率、銷量走勢的詳細數據，並且將真實的數據與主觀營運得到的數據相結合，從權重占比最高的三方面展現寶貝的整體銷售情況。透過七天螺旋對其中的一些數據進行分析，圖 5-20 所示就是對圖中螺旋第一週的數據統計。從數字發展變化的狀態上看，數據正是朝著逐步上升的趨勢發展；從寶貝在搜索中的自動排名上來說，也有排名越來越靠前的趨勢。在七天螺旋中，為了能夠讓產生的真實數據形成更加明顯的上升趨勢，適當地採取人為的增長來對其進行帶動，也未嘗不是一種可取的方式。

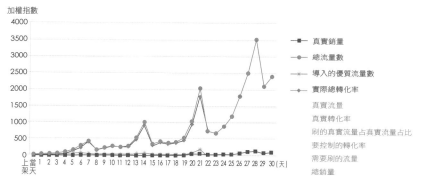

圖 5-19　七天螺旋圖

	上架當天	第一天	第二天	第三天	第四天	第五天	第六天	第七天
真實流量	2	6	10	35	68	130	210	400
真實銷量	0	0	0	1	2	3	5	9
真實轉化率	0	0	0	2.86	2.94	2.31	2.38	2.25
虛擬流量占比	800	600	400	100	60	30	40	10
導入的優質流量數	16	36	40	35	40.8	39	84	40
總流量數	18	42	50	70	108.8	169	294	440
要控制的轉化率	3.7	2.2	2	2.3	4.7	5	5.2	4.6
所需的銷量	1	1	1	1	3	5	10	11
總銷量	1	1	1	2	5	8	15	20
總轉化率	5.56	2.38	2	2.86	4.6	4.73	5.1	4.55

圖 5-20　七天螺旋第一週數據統計

從流量和銷量上來看，流量是隨著規劃而不斷從個位數發展成三位數，可以讓賣家看到寶貝發展情況還不錯，並且已經有愈來愈多的人在關注，而與此相對的銷量則是從無向有增長。從兩者相比而形成的寶貝轉化率數字為百分之二點幾，而且在流量增加的情況下也沒有能夠得到十分明顯和有效的提升，因此賣家就要適當地調整爆款寶貝打造的方式，讓流量和銷量能夠同時增長。

繼續看下面的數字，我們會發現除了真實的數據之外，還會存在一些導入的數據，雖然並沒有能夠讓賣家自身收到寶貝帶來的利潤，卻讓寶貝在螺旋第一週中總的銷量和轉化率有著成倍的增長，這對於寶貝在市場中的經營有著十分正面的推動作用。當寶貝有著更高的銷量和轉化率時，寶貝往往會被帶到更前面的排名位置上，這是寶貝在有效吸取自然流量時很重要的一點。越是靠前的寶貝，買家越是容易看見，而得到的是更多的流量，並且在其推動下，更多的銷量勢必換來寶貝更多的轉化率，此時被置頂到搜索首頁還有什麼問題呢？

在進行七天螺旋圖表數據分析的時候，詳細的數據檢測會讓賣家在每一個時間點都能夠對寶貝有著更深刻的觀察，同時能夠有效地抓取到銷量和流量進入的最佳時機，從而透過優化寶貝的上下架時間，讓寶貝在淘寶銷售中得到更好的曝光率，以輔助螺旋的規劃。一般來說，將寶貝的數據監控時間定位平均二到三個小時，既沒有在短時間內檢測到很多無用的數據，也可以保證有效數據不會流失。要想讓螺旋圖表中的數據有更好的體現，以下兩點需要引起注意。

1. 分析

所謂的分析主要是指對所要打造的寶貝和在市場中較為相似的寶貝的定價和定位的分析，知己知彼才能取得更大的優勢。

2. 優化

優化主要是指用對寶貝標題關鍵字和搜索的優化得到更好的數據進入。在這一點上，相對重要的優化是對寶貝搜索的優化。寶貝能夠擁有一

定的自然搜索量，固然是每一位賣家最想要看見的，但現實中往往會因為爆款寶貝尚未成熟，導致在淘寶搜索的排名較後，因此初期不會有較多的搜索量進入，此時適當的刷單往往可以更加快速和有效地讓賣家規劃七天螺旋數據。但這一點由於是淘寶規則中所不允許的，也在一定程度上違背了經營的良性競爭原則，因此存在一定風險。若處理得不夠得當，往往會影響寶貝自身的經營，所以賣家在使用時應該把握分寸。

對七天螺旋圖示的分析，每一位賣家都能夠充分地掌握，但是對寶貝有更多促進作用的是要藉由圖表的分析，轉化成為有實質性的執行力，將螺旋作為爆款打造期間的一個有力輔助手段，才能夠達到賣家想要達到的目的，單靠統計和查看並不會達到螺旋最重要的作用。

寶貝被訪問詳情

在淘寶中，寶貝被訪問詳情的次數越多表示寶貝的點擊率越高，而寶貝帶來的銷量和轉化率也有一定的保障，在淘寶系統中就會被認定為是一件更具有競爭力的寶貝，這就是打造七天螺旋的賣家想用人工類比系統類比寶貝競爭排行的方式，以便將想要打造成為爆款的寶貝更加優質地在淘寶中展現和出售。

如何才能讓寶貝被訪問的次數和頻率變得更加可觀，可採用以下幾種方式。

1. 破零

寶貝的破零是提及較多的一個要點，不管是對一般性淘寶寶貝還是想要打造成為爆款的寶貝都有十分重要的作用。在賣家規劃七天螺旋中，藉由寶貝被訪問詳情來增加該寶貝在全網其他寶貝中的權重，更是重中之重。破零，不僅能夠讓正在銷售的寶貝有進一步的銷量轉化，同時賣家也可以合理地利用破零後的寶貝頁面，或是以此作為其他寶貝的銷售頁面基礎，為店鋪的這件寶貝帶來更多簡便輕鬆的中後期打造。破零在寶貝的打造和銷售中具有著神奇而有效的推動作用。將第一筆訂單做出更高的品質，讓買家收到之後得到超過百分之百的購物體驗並且轉化為好評，該件

寶貝的後續銷售將出現更加令人期待的發展前景。

　　破零，首先要做到的一點就是從寶貝自身著手，將最能夠體現螺旋變化中的先決條件之一的標題關鍵字以及上下架時間進行合理的規劃，並優化寶貝的詳情頁，再從買家的購物觀念出發考慮對寶貝的調整，藉由友善而親近的旺旺溝通等將寶貝的第一單打出，提升寶貝更多的被訪問詳情，讓淘寶系統預設的排名更加靠前，擁有搜尋網頁中更多的買家關注點擊率。

2. 老客戶

　　說到寶貝的被訪問詳情，老客戶往往會作出更多的貢獻。這些老顧客不只會對店鋪中上新的寶貝產生興趣，也會對店鋪中的每一次瀏覽發現更多之前沒有看到過的東西而動心。這就是為什麼淘寶中絕大部分的店鋪賣家會為老客戶提供更多的優惠政策，目的就是讓已經完成過第一次交易的買家能夠藉由召喚同夥的方式，一而再，再而三地進入店鋪購買。而且，即使沒有能夠促成老顧客在店中完成交易，同樣也會為店鋪帶來一定的點擊率，這也能推動為寶貝及店鋪在淘寶中的排名。

3. 直通車

　　付費的直通車僅僅因為其使用的基本屬性，就能夠讓賣家在其中得到更好的寶貝和店鋪回報。在增加寶貝被訪問詳情的時候，直通車往往也能夠達到在自然訪問中遠遠不能夠達到的效果。

　　但是付費的直通車在使用的時候還是會存在著一定風險，因此賣家在使用的時候，首先要考慮的就是風險因素，並藉由對直通車中寶貝的具體規劃來使其產生真正的推動作用並有效規避風險，讓寶貝圖片透過直通車的運用引入更多的流量，讓寶貝在淘寶的自然排行更名列前茅，以達到賣家所希望達到的優質爆款寶貝狀態。

4. 關聯銷售

　　在寶貝的詳情頁面中進行適當的關聯銷售，會讓該寶貝的詳情頁面看上去更加豐富，同時在一定程度上也能夠為關聯的寶貝帶來一定的點擊率

和銷量，因而較快速、便捷地為整個店鋪引入更多的銷量和轉化率，以及買家評價時產生的 DSR 動態評分。這一切能夠被淘寶系統自動攫取，並將寶貝和店鋪向搜尋網頁面中靠前的位置訂製。

因此賣家在進行爆款打造時，千萬不可忽略關聯銷售的重要性，別因為只想打造一件或者兩件較單一的寶貝成為爆款，就不管不顧店鋪中的其他寶貝。相反，將其他寶貝合理而適當地運用至打造的爆款寶貝中，也會提升店鋪的經營品質，從而為賣家進行七天螺旋規劃提供更好的依據。

▌搜索優化診斷

七天螺旋的原理就是搜索產生的數據展現，以寶貝產生的各種數據回饋證明寶貝的實力。因此，要想擁有對寶貝更具有代表性的數據回饋，首先就要從寶貝的搜索優化開始，透過實現合理的優化診斷，使藉由搜索進入的相關流量和轉化率等得到進一步的增加，來保證以七天為週期的寶貝螺旋上升結構。在七天螺旋中對搜索進行優化，賣家首先要熟知淘寶的搜索原理，從而有理有據地從原理出發來對症下藥，確保所規劃的爆款寶貝七天螺旋更加成功。

1. 搜索原理

淘寶系統中的搜索主要包含著三大原理。首先，就是藉由買家的購買需求而直接產生的首頁關鍵字搜索。一般而言，當買家想購買一樣寶貝的時候，並不會將寶貝的關鍵字輸入得十分詳細，而是會輸入範圍較大的寶貝類目屬性詞。例如當買家想要購買一件樣式偏韓版可愛風格的較為素淨的連衣裙時，通常會直接輸入「韓版連衣裙」。

當淘寶系統自動搜索出了寶貝名稱符合輸入的關鍵字的寶貝時，買家會對這些寶貝進行一頁一頁的瀏覽，以尋找與其理想中的寶貝相似的寶貝，最終挑選出想要的連衣裙。這就要求賣家須進行適當的市場消費者調查，並從中選出廣大買家最常見的搜索方式和習慣，以此作為寶貝搜索關鍵字的設定以優化寶貝的相關搜索。

第二大搜索原理，就是以淘寶自身技術上的文本相關性從後臺進行寶

貝的篩選，這往往是與寶貝的相關性作為系統篩選依據的。當所銷售的寶貝擁有十分強大的相關性時，淘寶系統便會自動將原本排在搜尋網頁面靠後的寶貝向前推送。對寶貝的相關性有影響的因素如圖 5-21 所示。

圖 5-21　影響相關性的五大因素

　　關鍵字的常用度是系統所依附的相關性中最重要的一點。當系統的搜索引擎對輸入的寶貝關鍵字系統篩選的時候，一般會自動分析其常用程度，愈常用的詞語，對搜索詞的意義貢獻值愈小，相反，愈不常用的詞，對搜索詞的意義貢獻值愈大。

　　例如，當買家搜索保溫杯時，依據其相關的要求會輸入「持久保溫杯」，可以看到藉由系統以文本相關性搜索出來的寶貝有 922 件，共占 21 頁，如圖 5-22 所示。而當加入對於保溫杯來說不常用的「耐用」一詞，使得搜索詞變成「持久耐用保溫杯」之後，可以看到搜索出來的寶貝數量為 10 件，總頁數為 1 頁，如圖 5-23 所示。可見關鍵字的常用度對寶貝搜索的權重影響有多大。

　　因此賣家在進行搜索優化的時候，完成寶貝標題中的關鍵字的正常設置之後，適當地加入一定的不常用詞，讓系統在以文本相關性為參考的相關權重上將寶貝的搜索進行優化，讓買家在進行搜索的時候更容易將寶貝搜索出來，為七天螺旋規劃提供更多的操作數據參考。

圖 5-22　保溫杯搜索數據(一)

圖 5-23　保溫杯搜索數據(二)

　　影響寶貝搜索排名和位置的因素，除了命名時的關鍵字是否為常用字之外，關鍵字的位置和形式也有很大的關係。經常輸入關鍵字進行搜索的淘寶人會發現，往往被搜索出來出現在主頁面上的寶貝會有關鍵字位置以及設置形式上的不同。

　　圖 5-24 所示是在自然搜索中進行「許願孔明燈」的搜索。出現在綜合搜尋網頁面中較前位置的寶貝標題中出現搜索的關鍵字在排列順序、出現次數以及形式上都是不相同的。由此可見，關鍵字在頁面中出現的任何形式和位置，都會影響買家輸入關鍵字的相關權重高低。

圖 5-24　搜索寶貝的相關關鍵字體現

　　同時，寶貝標題中出現的關鍵字與買家搜索時輸入的關鍵詞中字和詞之間的連續匹配性，也會對搜索的權重產生一定的影響。因此，在進行寶貝的七天螺旋規劃時，從搜索中必須更加清晰明瞭地進行處理，要從關鍵字的細節入手，爭取將寶貝放置到自然搜尋網頁面中的較前位置。

　　在文本權重性的選擇中還有兩個因素，分別為詞頻密度和寶貝鏈接權重。相比之下，這兩個要素比關鍵字所占權重要少，但是對於寶貝搜索的優化也可以適當地提升作用。詞頻密度一般是指在沒有較多的關鍵字相互堆積的情況下，它出現在網頁上的頻率愈高，寶貝愈能夠在搜尋網頁面中出現在較為靠前的位置。

　　而寶貝在連結權重上就是要求將與店鋪或者寶貝有最直接關係的錨文字更多地作為搜索詞設置在店鋪或者寶貝的導入連結上，讓寶貝在以文本為搜索源頭的搜索中具有更高的相關性，被系統識別的程度也更高。

　　第三，就是根據寶貝下架時間進行淘寶第一次篩選，即寶貝的優勝劣汰。這就要求賣家在對寶貝上架時所要選擇的寶貝在七天下架時能夠被系統自動排位在更加靠前和更具優勢的位置。

　　首先，應確保這一重要時段一定是瀏覽淘寶類目寶貝買家人數最多的一個時段，這樣就會引入更多的流量，換來的是更多的螺旋數據；另外就是將店鋪中的寶貝分成幾個不同的時間段分別上下架，這樣就可以藉由寶貝帶動寶貝的形式來換取店鋪的不同流量的收入了。

寶貝透過七天自動上下架的第一次篩選，往往會在淘寶人流量最多的時間段內減少淘汰近一半的寶貝競爭對手，而這時繼續透過有針對性的搜索關鍵字優化，更能提升寶貝在任何搜索中的曝光率。至此，淘寶搜索中表現相對較差的寶貝便會自動淘汰，而讓相對較好的寶貝能夠以最完美的方式展現在淘寶搜尋網頁面中。

2. 搜索權重

在進行淘寶搜索優化中準確地抓住影響搜索的權重，不僅能讓優化更加有針對性，也能讓賣家以最少的投入換得更高的回報。一般來講，對寶貝搜索有一定影響的因素包含四個方面，即寶貝的轉化率、寶貝的銷量、寶貝的人氣以及店鋪 DSR 評分。它們各自都佔有一定的寶貝搜索權重。在這四個因素中，最重要的當屬寶貝的銷量以及寶貝的轉化率。

寶貝的銷量在寶貝搜索中擁有最重要的權重占比。有銷量的寶貝通常會比沒有銷量或者是銷量較少的同類寶貝具有更加強大的搜索優勢。正是因為這一點，相比較之下，擁有較高銷量的寶貝會因為銷量的權重而在搜索排名中取得較靠前的位置。

圖 5-25 和圖 5-26 所示，分別展示的是搜索「紅色高跟鞋」顯示的綜合搜尋網頁面中第一頁的寶貝和第八頁的寶貝在銷售量上的對比。我們可以明顯地看到，位於第一頁的寶貝銷售量遠遠高於後者。

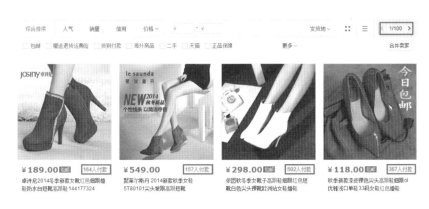

圖 5-25　搜索寶貝㈠

¥138.00 包邮   43人付款

红色婚鞋水晶鞋金色新娘鞋女水钻防水台高跟鞋银色婚纱鞋结婚鞋子

¥138.00   17人付款

2014新款小香风欧美女鞋黑色红色绒面细跟尖头深口单鞋及踝高跟鞋

¥96.00 包邮   48人付款

秋季包邮甜美尖头凉鞋绒面浅口大红色蝴蝶结纯色中低跟单鞋女婚鞋

¥138.00 包邮   68人付款

2014新款单鞋女鞋新娘鞋婚鞋红色粗跟高跟防水台金色结婚鞋子红鞋

圖 5-26 搜索寶貝(二)

　　除了銷售量以外，另一個具有較高權重的因素就是「寶貝的轉化率」。「寶貝的轉化率」即瀏覽寶貝的人中購買了這件寶貝的人占瀏覽總人數的百分比。當一件寶貝僅僅只有十次的點擊率，但卻有兩件成交量時，在淘寶的搜索中的占比，往往會比擁有三十次的點擊率卻沒有一筆成交記錄的寶貝搜索值高，也更容易在搜尋網頁面中擁有更加靠前的排名位置，而這也正是商品交易中為什麼愈好賣的東西，在一定程度上愈容易被賣出去的「良性銷售圈」理論的由來。

　　它不僅能夠從數字上讓買家對所銷售的寶貝產生更多的信服，也讓商品交易本身形成一個良性的迴圈。如果此時賣家再在寶貝上花費一些打造的功夫，便會在點擊與購買之間換取更多的轉化率，並不斷地提升寶貝的搜索排名。

　　排在搜索權重第三的「寶貝人氣」主要是從買家出發，以銷售中的「羊群效應」為理論基礎，讓買家產生消費從眾心理得來的。在擁有較多寶貝的店鋪中，細心買家會看到賣家制定的「收藏有禮」的消費者優惠活動，這表示了藉由收藏而帶來的寶貝買家人氣的重要性。

　　愈高的人氣，即愈高的店鋪或寶貝收藏量，一定會讓寶貝在被搜索出來的頁面中有著名次上的提升，因此賣家會更加注意這個方面，追求以最簡單的方式獲得更高額的收益。

搜索權重中的最後一點，就是店鋪的 DSR 動態評分了。這個評分是根據店鋪中寶貝銷售後從買家處得到的、即時更新的店鋪以及寶貝的動態評分。淘寶中存在著與同行平均值相比或低或高的店鋪，這當然不是說 DSR 評分低的店鋪就經營不下去，有很多皇冠級的店鋪的評分都會低於同行水準。但在相比之下，要想將寶貝打造的更好，同時獲得更好的搜索排名，就應該兼顧考慮這樣的動態評分。評分越高買家可以愈放心寶貝的品質以及店鋪的服務。

在對比之下，光是從店鋪的選擇，更多的買家會選擇三分飆紅的優質店鋪。正是因為更多買家的考慮和選擇，也會讓店鋪中所銷售的寶貝在搜尋網頁面中的排名靠前。愛網購的買家在收到寶貝時會發現，絕大多數的賣家在寶貝的包裝中都會附帶一張補充說明小卡片，上面說明，在進行寶貝收貨評價時，五星好評加十字以上的文字敘述並截屏給客服，就可以獲得幾元不等的現金返還回饋，這都表示了店鋪 DSR 在淘寶搜索指數中的重要性。

將淘寶的搜索原理作為優化的重要參考指標，加上搜索的權重衡量的指導方針，藉由賣家的實際操作來進行寶貝的搜索優化，讓更多的買家在廣大的淘寶中能夠看到所要打造的爆款寶貝，同時也讓寶貝獲得更高的人氣和更大的交易量，對寶貝的七天螺旋規劃的完美操作提供更多的指導性參考。

需要考慮的三大問題

在淘寶中，想要取得寶貝規劃後的有效執行以及更好的回報，賣家不僅要考慮到寶貝的經營，也要注意店鋪營運的三大問題，包括利潤問題、資源問題以及執行力問題。這三個問題是屬於爆款寶貝打造以外的問題，卻是寶貝經營的後備保障，因此千萬不可忽視其重要性。

▌利潤怎樣來

只要是買賣，就會追求一定的利潤。對於爆款的打造來說，無疑也是

賣家想要藉由一系列的打造，在增加該寶貝人氣以及流量的同時，提高店鋪中其他寶貝的銷量，最終形成整個店鋪的優質經營。

爆款對於店鋪的利潤產生，主要是透過累積銷售額帶來的薄利、可以自行定價的單件較高利潤，以及利用搭售寶貝帶來的利潤收益，這些都是爆款寶貝能夠帶給店鋪經營者的利潤來源。將這三種方式進行合理的相互關聯，確保在買賣中將寶貝的利潤最大化。

1. 薄利多銷的利潤來源

藉由薄利多銷的銷售模式打造的爆款，是全網中爆款定價中最常見的一種獲利方式。在銷售市場中，當一個接一個的買家看到這件寶貝的價格較為合理，同時賣家也提供了優質的物流服務，就能讓關注這件寶貝的買家擁有強烈的下單購買欲望。

雖說定價較為低廉的寶貝銷售一件或者是兩件的時候，能夠帶給賣家的利潤不太高，但是透過累積不斷的銷售量，卻能夠讓賣家獲得一筆可觀的收益，這就是為什麼多數賣家選擇將爆款的定價低於其他同行的寶貝的定價的原因。

採用薄利多銷原則定價的寶貝，通常是量產並且在淘寶中有多個店鋪共同銷售的寶貝，例如工廠生產的各種手套、流行的服飾等大眾接受的商業化寶貝。此外，藉由較低的定價，讓買家在進行貨比三家的抉擇之後進入自己的店鋪，從最基本的價格環節上加強買家進店購物的決心，為賣家帶來了最好的客戶源。

圖 5-27 所示是一款爆款手套在其詳情頁面上為寶貝的價格作出的解釋。九塊九一雙的手套在周邊的實體店中都算得上是一個較為划算的價格，並且在這家網店購買還不用擔心運費的問題，這就更能激發買家的購買欲望。

以價格來看，十元不到的手套定價可能只會讓賣家從買家身上賺取極其微小的利潤，但是如果有一百位買家、一千位買家、一萬位買家，甚至是百萬位買家帶來的寶貝利潤，那也是一個不小的數字，而這正是藉由爆款的薄利多銷為賣家帶來的利潤。

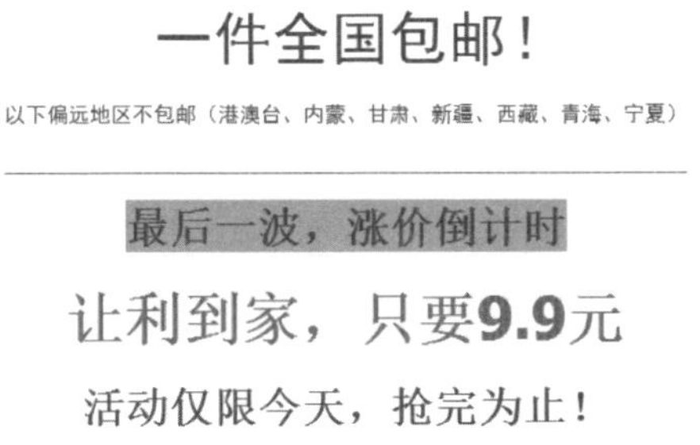

一件全国包邮！

以下偏远地区不包邮（港澳台、内蒙、甘肃、新疆、西藏、青海、宁夏）

最后一波，涨价倒计时

让利到家，只要**9.9**元

活动仅限今天，抢完为止！

圖 5-27　寶貝低價銷售

2. 自營定價的利潤來源

銷售自營寶貝最大的優勢，就是讓賣家能在淘寶網中擁有較少競爭對手的前提下進行沙龍級爆款寶貝的自營定價，這可以簡單地從利潤的角度上來設定寶貝對賣家和店鋪的收入。

一般而言，自營定價的寶貝不是淘寶上隨便找都能夠找到或買到的，它們更常出現在一些自主設計並創作的寶貝之中。相比之下，這樣的寶貝有較高的定價，但重點是，這類型寶貝讓買家難以在淘寶上找到相同的設計與價格。在這種前提條件下，買家會自動地回到寶貝頁面並且進行購買，這時，如果賣家再對買家作稍稍的讓步，例如郵費的便宜或者是贈送小禮物等來緩解相對較高定價給買家的購買帶來的困擾，買家就會購買。以自營定價的寶貝通常是手工藝品、原創自主設計的或透過一系列品牌認證的寶貝等。

圖 5-28 所示是一家經營手工工藝繡品的自營皇冠小店，其中銷售的寶貝都是透過店主的原創設計和非工廠手工製作而成的。縱觀全淘寶網，沒有銷售相同寶貝的店鋪。此外，因為製作完成這樣的寶貝不僅要經過前期的設計構思，在製作的過程中同樣也需要耐心和技藝，才能夠完成最終成品，因此在對這樣的寶貝進行定價時，高出成本價的多倍並以此來取得獲利也能得到買家的接受和認可的。

在全網中搜索與該件寶貝標題相關的其他寶貝，可能會搜索出定價為幾元的類似寶貝，但在其設計感以及製作繁複等程度上遠遠不如該件商品

考究。對於賣家希望獲得更多收入，以寶貝自身的特點來設定獲利多寡，也是一種掌控和判斷。

圖 5-28　原創寶貝定價

3. 搭售推動的利潤來源

在爆款的獲利中，一方面是藉由想要打造的寶貝自身來獲得利潤等的收入，但在打造淘寶爆款的各賣家中，也不乏有藉由爆款作為店鋪流量的引子，將其作為帶動店鋪中其他獲利寶貝的商品之一，來帶動更多利益的獲得。對這類淘寶賣家來說，爆款寶貝的定價通常是以不獲利甚至虧損的形式在店鋪中銷售，主要目的就是用爆款在價格上的絕對優勢來吸引買家對這件寶貝的關注，進而延伸至對整個店鋪中銷售的其他寶貝的關注。

當買家在購買這件不獲利的爆款時，通常有再買一個其他一起包郵或者省錢的購物心態，而這時，當買家購買到能夠為店鋪帶來獲利的寶貝時，拋開爆款的無獲利來說，賣家會直接透過搭配購買的寶貝得到利潤的收入。這樣的方式不僅能夠很好地考慮到買家尋求價廉物美的購物心理，也能有效地滿足店鋪獲利的目的，從而保證其繼續優質地營運下去。

通常，以這種方式進行獲利的賣家會在爆款寶貝的詳情頁中盡可能地將附帶的獲利寶貝展現在買家面前，同時加上優惠的價格，以引發買家極大的購物動機。圖 5-29 所示是銷售實惠且時尚的爆款手套詳情頁中向買家

呈現的其他關聯銷售的寶貝，其中便包含著各式各樣的冬季圍巾。搭配銷售的套餐價格，最貴的為六十九元，最低的價格不到四十元。對於經常購買手套和圍巾的女性買家，這樣的套餐價在實體店中可能連一件單品都買不到。由於賣家所提供的搭配銷售價格恰好也滿足買家的心理價位，加上搭配購物能夠一次解決寶貝運費的問題，省時省力，因此，購買這雙平價手套的買家絕大部分都會選擇再搭配購買一條圍巾，這樣一來，可保證賣家經營的利潤回籠得到了完美的保證。

圖 5-29　關聯銷售

爆款的利潤，除了以上較常見，同時也最受賣家歡迎的三種以外，交易過程中還有多樣的利潤引入方法，這些都是要賣家在爆款打造的時候透過不斷的經驗累積而得到的，並且從中選擇一個最適合自家爆款打造的獲利方案，將其引入店鋪。

▍自身資源怎樣用

運用好自身的資源，能夠有效地控制並降低爆款打造時所需的成本，

同時在會為賣家自身的經營帶來更多的靈感，讓爆款打造得更加完美。在淘寶中經營店鋪，由於競爭的日益加劇，賣家往往對一個店鋪的經營、一件寶貝的脫穎而出造成很大的困惑和難處，如果賣家透過前期的投入打造，並也抓取到適當時機促進經營的發展固然有利無害，但以這樣的方式總的來說會花費賣家很多精力。

此時換一個角度思考，從自身資源的完美利用出發，不僅能夠有效地控制和節約店鋪內的資源動態消耗，同時也會為爆款寶貝的打造提供更多的優勢，讓其在整個淘寶中真正成為爆款中的銷量之冠。

1. 地理資源

在淘寶的爆款寶貝選擇和打造之中，地理資源雖然不是一個賣家能夠完全獨占的因素，但經過賣家合理地運用，能夠將這一因素融入到店鋪的自身經營中，為寶貝的選擇和銷售注入更多的動力。地理資源的分類十分廣泛，但是在淘寶爆款寶貝的打造中主要分為兩點：一是寶貝生產到銷售環節中的地理優勢，二是寶貝銷售方面的地理優勢。

(1)寶貝生產

地理資源對於寶貝的生產影響，主要是針對一些自營的店鋪寶貝。例如東北地區生產的白米、江浙滬地區的水果、天津等沿海城市的進出口代購等，都可以讓賣家合理地利用身邊的地理因素，獲得比其他地區更加便捷的資源和成本控制。

圖 5-30 所示是一家銷售陽澄湖大閘蟹的賣家所發布的寶貝。從圖中我們可以看到，賣家的所在地為江蘇秦州，這個地點十分靠近大閘蟹產地，因此賣家在螃蟹的養殖上可說是十分方便。

由於地處大閘蟹的主要產地，能夠保證蟹自身新鮮肥美的優勢，同時也能夠讓買家獲得貨真價實的體驗。這就是賣家合理地利用地理位置的優勢，藉著銷售該地方的特產寶貝，不僅能夠使自身獲得可觀的收入，同時也可以讓寶貝的自身品質得到完美的保障。

圖 5-30　大閘蟹銷售

(2)寶貝出售

在寶貝的地理資源中，寶貝的銷售程序上受到郵費等不同的影響。目前，絕大多數高品質的快遞公司都對其發源地有著足夠力度的優惠，而該地的人也占了絕大部分的淘寶買家中。透過合情合理地運用在寶貝出售後的連帶品，例如在這些地區採用包郵等措施，透過郵費的讓利促進其他區域的買家購買，為賣家和店鋪帶來了更多的流量、轉化率以及收益額。

圖 5-31 所示是一家店鋪在所銷售的寶貝詳情頁中對寶貝的郵費所作的規定。其中可以看到，賣家對收件位址作出三種不同等級的郵費政策，江浙滬皖地區是購買最少數量寶貝就能夠達到包郵條件的地點，接下來是其他地區的購買寶貝郵費標準。這樣的因地理因素對買家從郵費上進行優惠，雖然說不是直接從寶貝本身給予優惠，但往往也能促進限定地區的銷量，為寶貝帶來更多的固定客源。

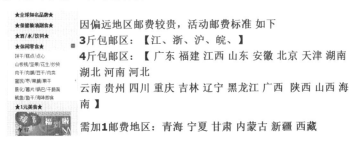

圖 5-31　郵費標準

2. 時間資源

　　有很多因素，是賣家無論透過怎樣的努力都無法自行操控利用的，但對於打造爆款寶貝的時機掌控來說，都是賣家自身能夠很好地利用的。從爆款寶貝的上下架時間來看，賣家就要合理地監控到最佳淘寶人流量的時間並將寶貝上下架，產生初始的寶貝曝光率。除了這一點，還有很多的時間資源能夠讓賣家合理地利用，從而帶來更好的爆款打造效果。

　　需要原材料進行加工的寶貝，選擇其最佳的時機，不僅能夠為寶貝自身的品質等帶來最優質的保證，同時藉由時間限制，還能夠為寶貝營造出一種銷售的緊迫感，讓買家能夠抓緊時間快購買。圖 5-32 所示為一家銷售以鮮花為主要原料製作而成的美容品店鋪，在其一款寶貝的介紹中對原材料進行的描述。這個描述讓買家充分地感受到了賣家是在最合理的時機將寶貝製作出來的，當然，寶貝的品質也有了保障。

　　同時，也因原材料屬於有一定的保質和採摘期限的，所以當這一批寶貝銷售告罄之後，買家要想再次購買則需要等待。因此，抓取到寶貝的各種時機，不僅能夠讓寶貝更好，同時也能夠讓寶貝的銷售更好，對於爆款來說更是如此。

請注意：小兮家的桂花為中國桂花之鄉—湖北省咸寧市桂花鎮原產地直供，歷史悠久、品質為中國桂花中最優的！中國其他地區分布也比較廣泛，但品質遠不如桂花鎮的桂花！因為桂花的花期集中在一年的 3-4 天，過了花期會自然凋謝，所以，本次特供的桂花非常珍貴，而且數量非常少，只有 300 來瓶左右，純正的桂花鎮鮮花過了就得再等 1 年！過了只能買市售的乾花純露了。

圖 5-32　寶貝原材料說明

3. 人為資源

　　「成事在天，謀事在人」，表示在爆款打造的時候，運氣是十分重要的，但更重要的是賣家的自身利用。在愈來愈往個性發展的淘寶銷售之路上，平庸的寶貝以及店鋪營運模式往往會被加速淘汰，不要說能夠成功地

將爆款打造出來，就是連打造的基礎寶貝都不會有太高的銷量。因此就要從賣家自身的好想法出發，透過自身的好創意，好想法，將寶貝設計和打造得更加適合買家的需求，同時也能夠在淘寶的同類商品中以優質的寶貝或附屬保障進一步提升寶貝的價值。

在淘寶中，想要搜索一件寶貝的時候，往往會有很多優質的、一般的寶貝被搜索出來，較有經驗值的買家常常會購買淘寶同類商品中較為獨特的寶貝，可見現在得淘寶天下的不是普通品，而是一些被賦予了賣家心思的質優品。因此藉由自己的創新思維，提昇寶貝自身的設計、構思以及將店鋪中的關聯，或將附屬銷售做得更加有心思，才能夠為寶貝提升更多價值，讓買家買得歡喜，也讓賣家賣得歡喜。

怎樣保障足夠的執行力

不管是爆款的打造還是淘寶店鋪內其他的相關事宜，要想在一個完整過程中，取得一個對買家有足夠吸引力也對賣家有足夠回饋的結果，足夠強大的執行力是打造過程中非常重要的，讓執行力成為強勁的推動支撐，在完成之後也有合理的維護和鞏固。執行力在淘寶爆款的打造中是一種起點，同時涵蓋了整個活動中作為賣家的每一個環節和每一位參與者。

1. 優質的爆款打造方案

爆款絕非是賣家口頭隨意說說就能夠實現的一件淘寶良品。一個質優且可實踐的方案是其能夠順利執行的先決條件，當然，方案也成為賣家在打造爆款之時足夠的執行力保障。嘴上將爆款的打造說得天花亂墜，卻沒有實質性的行動，一切都是空的。因此，要想在爆款的整個過程中有最強大的執行力保證，賣家首要的一點就是將爆款融進一個優質的方案。

在爆款的打造過程中，通常有最初的市場調查，然後從調查中選出適合店鋪經營的爆款寶貝，接著藉由詳細的推爆步驟將寶貝引爆並相應地作出維護等。爆款打造的具體方案主要是針對其打造中的爆款推爆和引爆的相關方案和策劃，讓賣家在寶貝所處的這個階段清楚地認識該做哪些，該怎樣做。

2. 良好的團隊配合

通常，淘寶中的爆款多數是為女性顧客所購買和使用的，諸如服飾、化妝品、小飾品等，算得上是十分容易被消費群體接受和購買的寶貝。根據這樣的情況，如何將寶貝更加精美地展現在寶貝詳情頁面，同時以最能夠讓買家舒服的服務方式讓其看上寶貝、購買寶貝，便要透過一個完美的團隊工作貫穿於寶貝上新前後以及買家詢問和售後之中。因此，在打造爆款的過程中，要讓爆款愈加完美地展現在淘寶平臺之上、展現在買家的面前，透過強有力的執行力將爆款打造得更加完美，就需要一個能夠默契配合的打造團隊。

(1)市場調查組

在爆款的整個打造過程中，為了打造更具推廣效果的爆款，首先要從市場出發，藉由具體的供需關係來決定整個的商品抉擇，這部分的執行力通常就從團隊中的市場調查組中來運作的。市場調查組從一定的數據統計、監控以及市場購買情況進行調查，有一定預見性地將具有一定市場空間的寶貝等先選擇出來，為後續完美地將爆款展現在買家和市場上做最基礎的準備。

(2)美工組

在這個靠圖片和影片說話的淘寶網購物世界中，要將寶貝銷售出去、要讓寶貝贏得絕大部分買家的喜愛，在視覺行銷方面，要確保所拍攝的寶貝在還原現實並高於現實的一種狀態下呈現在店鋪主頁以及詳情頁面上，讓寶貝透過「一眼定銷售的」的方式贏得買家的關注度。

使爆款寶貝能夠達到銷售熱點的執行力就在於，團隊中的美工組在拍攝的時候選擇優質的機位和擺設間的配合，突出爆款寶貝的特點；在組合詳情頁設置的時候，有效整合圖片與文字資訊，讓買家能夠抓到爆款寶貝的購買點及突出的熱點等。透過有力的美工執行力，才能夠保證爆款寶貝的視覺感更加突出，更能夠震撼買家的購買心理，將寶貝自身打造得更適合在淘寶中銷售。

(3)客服組

　　能夠在店鋪中與買家直接面對面進行聯繫溝通的就是客服環節了。買家每次收貨進行評價的時候，通常會為店鋪的服務進行打分點評，所指望的也是客服環節。想要更好地保證爆款寶貝的打造，就不能忽略這個溝通環節。一家淘寶店中擁有一組良好的客服，不僅能夠準確地回答買家對寶貝所提出的相關疑問，還能同一些買家成為淘寶的好友，不只可以為店鋪確定一單單的交易量，也能夠將這樣的買家發展成為固定的老買家，一定程度上保證了店鋪的長期經營。

　　客服的作用不可忽視，他們在架起與買家之間的橋樑時，完美地將爆款打造更推進一步，為爆款打造的執行力之一，而賣家將這樣的人群管理好，也是一種執行力的保證。

(4)倉庫組

　　買過爆款的買家都知道，一般爆款會有很多買家去購買，而銷售這種寶貝的店鋪一般來講規模都是中等偏上，因此在整個店鋪中，能夠讓買家在提交訂單並完成付款後感受到來自店鋪的種種效率的就是來自倉庫組的效率了。一件好的爆款不僅是在售前買家查看和詢問的時候所展現的，它還體現在寶貝的發貨速度上。

　　據淘寶消費者調查統計，賣家的發貨速度和效率對買家是否有一個滿意的購物心態以及能否成為回頭客有著 30% 的影響，對於一些價廉物美的寶貝來說更是如此。因此，確保倉庫有理有序地發貨，也是對爆款打造具有良好推動的執行力保障之一。

　　作為一件爆款寶貝，平時的銷量就遠遠高過其他寶貝和其他店中的銷售量，如若是在淘寶的大型購物狂歡節上，例如天貓商城的「雙十一」、淘寶店鋪的「雙十二」，更是有愈來愈多的買家進入到店鋪中，並且幾乎在同一個時間點進行訂單的提交和付款，而後續的一切事宜，就要求倉庫組成員能夠以一條完整而準確的流水線形式來保證爆款寶貝的順利交易。合理化地設置倉庫寶貝代買、取貨發貨等環節，讓爆款打造從頭至尾都擁有強有力的保障，是每一個開店賣家需要考慮並且做到的。

3. 實時的總結

　　想讓爆款在一個較長的時期內保證其打造出來的人氣和銷量，同時運用最大的精力作出最長線爆款的保障，就需要進行一個實時的總結。這樣的總結不僅僅是查看寶貝具體的銷量有多少，更重要的是查看爆款寶貝打造時在店鋪和淘寶中出現的各種問題，藉由這樣的實時總結揚長避短，合理有效地規避打造過程中出現的問題。

　　例如以買贈或者包郵等具有廣泛吸引力的淘寶因素提升寶貝的轉化率；繼續發揚寶貝足夠吸引買家的地方，例如圖文的運用以及在詳情頁面上加上畫有重點的買家評價等，讓之後點擊查看寶貝的買家增強購買的決心，爭取將寶貝打造成為店鋪中的爆款寶貝，打造成為全淘寶網中的爆款寶貝，甚至是提到該寶貝所屬的具體類目就能夠讓買家聯想到寶貝。

PART **2**

三週攻堅階段和爆款的維護

第 6 章

打造爆款的第一週

爆款不是一夕間突然爆發的，必須透過賣家在店鋪中對寶貝的不斷經營與打造。爆款在起步時的基礎累積十分重要，第一週是爆款商品的基礎週，在這一週，賣家必須做各方面的衡量，補充不足之處，並突破市場，才能讓寶貝在接下來的階段完美地攻佔市場，成為主銷熱賣的爆款之王。

第一週的核心操作點

在爆款打造第一週，最重要的是對寶貝定位，然後從產品的定位出發，將寶貝的權重等特質進行分析，並抓取寶貝是否能夠轉化成為爆款的最基本的條件，將其作為基礎引進流量，使寶貝一步一步走進淘寶買家的眼中，促進更多買家對寶貝的強烈購買欲望，最終在整個店鋪中達到較高的轉化率。

圖 6-1 所示是一款寶貝被打造成為爆款的相關搜索走勢圖。從幾乎為零的搜索量，經過前期各項資源的籌備以及一週的推進，可以看到寶貝的搜索量已經達到一個新值，而這個值為寶貝成功成為爆款奠定了良好的基礎。

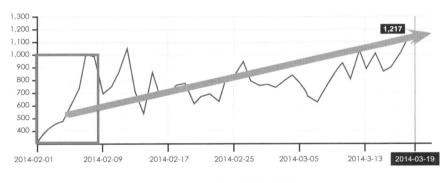

圖 6-1　爆款的搜索走勢

如何累積權重

在淘寶商品中，權重是一個相對的概念，僅僅是針對某一個寶貝的指標而言的。其項指標的權重指該指標在整體評價中的相對重要程度，重要程度愈高，寶貝這項的權重就愈大。

在打造爆款的第一週，最主要的是要將寶貝在淘寶市場中推出，讓更多的瀏覽者發現並熟悉，使商品銷售形成一條結實的供應鏈。在這樣的環節和要求下，在打造爆款初期階段，就需要將能夠帶動寶貝走出店鋪、衝向淘寶全網的權重進行一定的累積。權重愈高，寶貝的搜索效率也愈高，也就會有更多的買家發現寶貝，形成良好的爆款商品轉化率。

1. 關鍵字和標題

寶貝的標題是讓買家能夠在想要某一件寶貝的時候，可藉由淘寶的自然搜索輕鬆地搜索到。透過將寶貝的關鍵字和標題進行優化，可以形成更好的市場切入點，讓寶貝搜索的排名向前靠近，累積出更豐富的權重。

在標題設置中，依舊要以關鍵字的抓取為主。一般來說，關鍵字愈多，關鍵字對寶貝的應用效率能夠形成的權重比例就越大，寶貝就越容易被打造成為淘寶商品中的爆款。圖 6-2 所示為在淘寶中以搜索連衣裙為例，從搜索頁面幾種不同寶貝的交易量以及寶貝標題和關鍵字之間的關係中可以看出各種寶貝關鍵字的組合，特別是當前受買家喜歡的關鍵字，來制定成為寶貝名稱的連衣裙，在一定程度上，銷量會高於其他命名的商品。

但是從排名的角度來看，受到成交量因素影響卻不是很大。出現這種情況的原因是，標題和關鍵字中，以拆分後的關鍵字的搜索效率要高於其他商品標題中的關鍵字設定，而相比較下，排名前位的標題中，關鍵字就擁有了更高的權重占比，因此，在淘寶中最常規也是最多人選擇的自然搜索中，該商品就能夠擁有較前的排名，這也能有利於更多的買家搜索。

圖 6-2　爆款標題、關鍵字權重

2. 主圖和詳情頁面

在爆款打造時，以寶貝為出發點是很有必要的一件事，這也是從買家或者瀏覽者的視覺效果上來進行思考的。淘寶規則處於發展階段，會不斷優化和改變，針對這樣的發展趨勢，賣家往往需要更加注重客戶的體驗來順應淘寶規則的發展。寶貝的主圖以及詳情頁最能夠反映買家的顧客體驗，而在提高顧客體驗的同時，是否吻合寶貝的描述，也更加直接地影響寶貝搜索的權重。

通常，淘寶的一個搜尋網頁面會出現四十八件寶貝以及二十件淘寶推薦的相關商品，這一頁的搜索之中就會出現共約七十件。想要在這數量較多的寶貝中讓買家都願意點擊自己的寶貝的主圖來查看其詳情頁面，就顯示了它的重要性。針對這樣的搜尋網頁面，比起細讀寶貝的標題，買家往往更喜歡直觀地查看寶貝的主圖，賣家應透過主圖和詳情頁的介紹，從買家視覺的感受中決定是否改變該商品的交易量和人氣程度、是否能夠進一步提升商品的權重，以贏得更好的寶貝排名。

圖 6-3 所示是兩種襪子的對比首圖，從中可以清楚地看到，右側的圖讓買家非常直觀地體驗到其售賣的商品為襪子，相比之下，左側的寶貝主圖就會讓買家較難辨別其銷售的究竟是襪子還是內衣套裝，在一定的程度上就會降低寶貝的搜索權重和排名。除了難以分辨主圖售賣的寶貝是什麼，還有就是寶貝的主圖所呈現給瀏覽者和買家的資訊過於複雜，形成一種主圖上的混淆，反而會使查看到該主圖的買家喪失點擊查看詳情頁的興趣。

圖 6-3　寶貝首圖對比

主圖對應的就是寶貝的詳情頁面。對於詳情頁來說，想要將此頁面上出現的寶貝打造成為爆款，就一定要對其進行適當的優化設置。通常，在瀏覽時愈清晰的寶貝詳情頁介紹，能促使買家將更多的時間和注意力花在這個頁面上，這會促進寶貝的交易。

相反的，如果一個詳情頁出現過多與寶貝無關或冗長的相關介紹，不僅會使頁面打開時出現一些系統或者網路問題，因而無法保證網頁瀏覽的流暢性，也會使買家忽略商品的重要資訊，而關閉寶貝的詳情頁面，大幅提高了寶貝頁面的跳失率，從而嚴重地影響寶貝的權重。因此，想要累積更多的寶貝權重，同樣也要從詳情頁面著手，站在買家瀏覽的角度，從買家的視覺觀察點出發，提高權重並贏得排名。

3. 搜索欄各要素

當買家搜索寶貝時，通常會以淘寶系統中的綜合排序為寶貝搜索默認的排序。當然，淘寶系統也在針對不同購買需求，將搜索的要素分別以人氣、銷量、信用以及價格等進行分類，如圖 6-4 所示。一般而言，更多的搜索是藉由寶貝的各項綜合因素進行排序的。對於想要打造成為爆款的寶貝來說，則多會以「人氣」、「銷量」和「價格」等影響因素進行排序。因此，在賣家對寶貝進行權重累積的時候，千萬不可忽略這三點對寶貝排名時的影響。

圖 6-4 搜索欄各要素

在進行爆款打造的時候，靠著搜索的排名和權重能夠讓寶貝出現在更加靠前的搜尋網頁面以及相關的推薦中，這主要是依靠寶貝自身不斷累積起來的人氣和銷量。圖 6-5 和圖 6-6 所示，分別是以寶貝的人氣和寶貝的銷量為搜索點進行寶貝的搜索，從中可以觀察到，排名第一的寶貝無論是從人氣或銷量的角度，始終都在搜索排名的第一位。可見人氣和銷量在打造

爆款的第一週有著很強大的推動作用，因此進行商品權重的累積時也要加大對人氣及銷量的掌握。

圖 6-5　人氣搜索排行

圖 6-6　銷量搜索排行

商品的價格因素應該是廣大買家最關心的一個購物的基本因素，再加上絕大部分選擇淘寶店進行購買的買家，正是因為這裡的價格比實體店划算。透過更具競爭力的價格因素對商品的影響會吸引更多的買家購買，從而提升寶貝的人氣或者銷量，對寶貝的搜索排名具有重要的促進作用。

▍集中流量

只有引入寶貝的流量，才是寶貝成為爆款的基礎。對打造的爆款進行集中流量引入是對寶貝的推廣，這樣的基礎，一定程度上能排除在編輯商品時的一些不利因素，使得爆款各方面都積極地影響其最終的成交量。一般來說，寶貝的流量入口來源分為 IP 量和 PV 量，即內網和外網的流量。內網主要是藉由對寶貝的搜索、推廣等兩大來源形成的，而外網則主要是透過相關聯的網站、論壇等的推薦。

在打造爆款的第一週時間內，就要運用各種方法引入寶貝的流量，在整個淘寶市場中搶得愈多，流量愈好。然而在搶流量之前很重要的是要將商品在淘寶中曝光，藉由店鋪適量的門面廣告和合理的寶貝陳列來定位店鋪，也可以透過端口的優化和推廣的展現來獲取流量。

圖 6-7 所示為流量的引入對所有的店鋪頁面產生的促進作用，將店鋪內的所有商品展現在瀏覽的買家眼前，大幅提高了買家的搜索體驗，從而得到 SEO 優化。

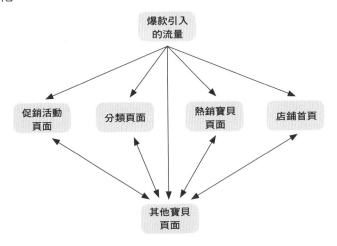

圖 6-7　引入流量示意圖

在爆款打造的第一週裡，要集中地引入該商品的流量，多指從外部引入的自然流量，也就是統計搜尋網頁面的點擊率。一個較高的搜索頁面點擊率是查看評定是否有買家進入查看並購買的最基礎因素。搜尋網頁面一般分為

「商品搜尋網頁面」和「商品類目搜尋網頁面」，將這兩個頁面更好地和寶貝相關聯，便可以在初期階段更好地集中一切流量為爆款的打造打好基礎。

圖 6-8 所示是淘寶站內流量的來源結構調查，藉由百分比的統計，讓大家更加清楚地觀察到流量來源中不同因素的重要性，其中占比重近一半的淘寶搜索是流量進入的最關鍵管道。針對這樣的統計和調查，進行爆款打造的賣家可以集中在淘寶搜索中引入寶貝的流量。淘寶搜尋網頁面在爆款中極為重要，想要在其中集中引入更多的流量，首先要儘量地提升店鋪或者寶貝的搜索排名，那必須對店鋪和寶貝等相關因素進行 SEO 優化，集中力量將寶貝在置頂的搜尋網頁面中讓更多的買家能夠輕鬆地瀏覽到，從而獲得更多和更集中的流量進入。

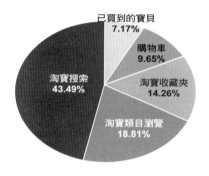

圖 6-8　寶貝流量來源

將寶貝的流量進行有效的集中引入，不僅能夠為寶貝帶來更多的曝光率及關注度，同時可以有效地將寶貝引爆。針對流量的集中引入，賣家可以採取效果優質的付費推廣來達成，例如直通車、鑽展、首頁推薦等，都會讓更多的新顧客關注到所打造的寶貝以及店鋪。另外一種集中流量的方式是從店鋪中的老顧客。老顧客通常是店鋪流量以及收益最主要的來源之一，也是最容易接受和參與店鋪公告與活動的群體之一，因此透過老顧客把握好流量對賣家在爆款的打造初期來說是一個不錯的選擇。

而在顧客方面同樣有重要的一點，就是要合理地尋找出潛在的流量，也就是以潛在客戶為流量的切入點，將其更深入地進行挖掘。例如在對護

膚品進行銷售時，可以附帶宣傳男士的護膚品，在一定程度上會引起男性買家的關注。此外，從瀏覽的角度看，就是要透過不同的瀏覽地點將流量集中地引入。

在整個互聯網系統上，店鋪集中的流量不僅僅來自於淘寶內網，還來自於除淘寶網以外的其他購物平臺，例如美麗說、蘑菇街、堆糖網、美好店鋪等，賣家一定不能忽視這些外部的流量來源。有線端和無線端的 APP 不斷發展，促使更多的人願意使用軟體來瀏覽，當賣家將店鋪中所需要打造的寶貝藉由分享的形式在這些外部網站上進行宣傳和推廣時，看到的人對寶貝產生興趣，會自然而然地跳轉到淘寶寶貝詳情頁面上，這對集中流量的引入也有一定的幫助。

▌ 不顧一切轉化

在淘寶中，賣家不得不注意幾個關於店鋪成交的數率統計，其中的轉化率就是一個十分重要的數據。淘寶的轉化率是指產生購買行為的客戶人數占所有進入店鋪瀏覽的訪客人數的百分比。

顯而易見，轉化率與店鋪中的成交量是直接掛鉤的，因此對於店鋪中正在打造的爆款而言，要想取得較高的銷量，就要不顧一切進行轉化。圖 6-9 為我們詳細地說明了轉化率在寶貝中對應出現的每一個環節，可見不顧一切地轉化對於一件爆款的打造來說是多麼的重要。

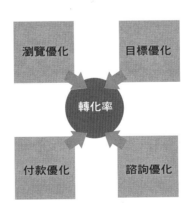

圖 6-9　不同環節的轉化

打造爆款是提高轉化率的重要保證和行之有效的辦法。隨著購買人群的增加，購買中的羊群效應就會在商品的交易中出現，也就能夠提高由爆款形成的單品轉化率。打造爆款不顧一切的轉化，核心就在於利用一切方法將爆款賣出去，適當而巧妙的打造核心寶貝，使其更受買家喜愛，並勾起他們的購買欲望。

1. 爆款圖片

對精心打造的商品進行轉化，就是要在所選擇的圖片上花十足的功夫，利用精選的圖片透過視覺行銷的方式，來突出視覺衝擊力，並且在圖片上加上促銷文字，讓買家藉由圖片就可以將寶貝的介紹以及相關的推廣瞭解清楚。這種方式打造出來的爆款介紹更有利於激發買家的消費心理，是一種速戰速決的消費模式。

2. 爆款焦點圖

爆款焦點圖最重要的作用是篩選出目標消費群體，讓正在網頁上搜索該類寶貝的買家看到主圖就能夠引發興趣點。對於爆款的焦點圖，要在買家看到的第一眼就具有高效的吸引作用。可以適當地運用寶貝的品牌、品牌的經典廣告語以及商品的 USP 賣點等來突出爆款的獨特性和唯一性。

3. 爆款基本資訊模組

想在一個較短的時間之內在進店瀏覽的人中取得較高的交易量而達到爆款的轉化，很重要的一點就是要讓瀏覽寶貝的買家進行自主下單。為此，就一定要在寶貝的基本資訊模組將寶貝介紹詳細，在頁面中展示寶貝的大小尺寸、做工品質、顏色工藝等各方面，使買家在不需要透過旺旺諮詢的前提下就能夠自主下單購買，從而更加主觀和主動地提高店鋪的轉化率。

4. 爆款使用場景配圖

將爆款的使用場景圖呈現在買家面前，更能體現爆款的使用價值，同

時也能夠達到暗示買家群體和豐富頁面介紹的效果。這樣的方式更加清晰明瞭地介紹了爆款的詳細使用說明，更加專業地向買家群解釋了寶貝的一切。通常來說，這樣的方式最常出現在服飾以及創意商品的介紹中，賣家藉由具體合理的場景搭配突出寶貝的賣點，從而更加堅定買家的消費心理。

圖 6-10 所示為出售手工刺繡創意物件的賣家在頁面中所展示的寶貝搭配使用方法。或許單看商品，買家不會有足夠的購買心理，具體就在於是否能夠將其完美地用在自身搭配上。當賣家將具體的搭配效果圖展現在買家眼前時，就能打消絕大部分買家的疑慮，促進買家的消費，也大大地提升了商品轉化率。

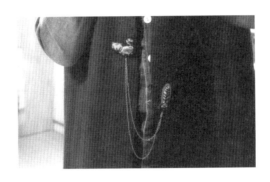

圖 6-10　寶貝場景搭配圖

5. 爆款細節

有一句老話說「細節決定一切」，這說出了細節的重要性。要想在以圖說話的淘寶交易中贏得更好的寶貝轉化率，同樣也需要注意寶貝的細節。詳細的細節會顯得賣家對店鋪和寶貝的嚴謹負責，讓買家在這樣的店鋪中進行消費會更加心安，也能夠透過對寶貝細節圖的查看增加對寶貝品質等因素的信心，排除買家的下單購買干擾。這一點，隨著淘寶中競爭對手的增多會受到更多賣家的注意。當消費者對比完同一件產品的兩家店鋪後，往往會選擇細節交代較多的產品。

圖 6-11 所示為一款月銷量高達上萬件的爆款帽子的詳情頁中所展現出的帽子用料等細節，細節的描述再與其他促銷條件相搭配，將寶貝的轉化

率有效地提升至另一個高度。

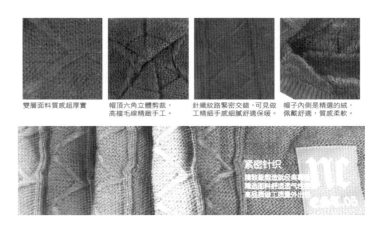

雙層面料質感超厚實

帽頂六角立體剪裁，
高檔毛線精緻手工。

針織紋路緊密交錯，可見做
工精細手感細膩舒適保暖。

帽子內側是精選的絨，
佩戴舒適，質感柔軟。

圖 6-11　爆款細節展示

6. 購買回饋

　　購買過商品後進行事實回饋的評論，通常是買家考慮是否購買該寶貝的重要參考因素之一。很多買家在淘寶中購物都會在打開寶貝詳情頁面後先進入評價頁面進行查看，當查看到該寶貝有一些中差評後，多數有經驗的買家都不會選擇該寶貝，而好評率很高的寶貝才會讓愈來愈多的買家購買。對於想要將寶貝打造成為爆款的賣家來說，可以藉由這樣的促進方式來提升轉化率。

　　為了使買家在瀏覽寶貝詳情頁面介紹時不跳轉到評價頁面就能夠觀察到寶貝的好評，賣家通常會選擇將寶貝的好評用截圖的方式放置其中，這不僅能滿足買家的購物心理，同時還有利於進一步放大寶貝的優點，使買家更願意去購買。

　　圖 6-12 所示就是賣家在寶貝詳情頁面中插入的寶貝好評截圖，將好評的內容用紅筆進行了適當的標注，並在截圖中加上了「好評如潮」的浮水印，進一步突出了商品受到買家喜愛的程度，大大提高了寶貝的轉化率。

圖 6-12　買家回饋截圖

7. 買家購買記錄證明

買家的購買記錄證明是指多次購買的回購記錄，以及一次性多買的購買記錄。當賣家將這樣的寶貝銷售出去的證明展現在消費者面前時，一定程度上會使得瀏覽該寶貝的消費者產生「羊群效應」而選擇跟隨大流進行購買，這樣就大大提高了商品的轉化率，為爆款的形成提供了很好的推動條件。

8. 第三方印證

第三方印證在多數情況下指的是由專業機構對所銷售的寶貝作出的包括品質、所選原材料等的送檢報告，並將報告插入到寶貝的詳情頁面上，使買家對寶貝的各項品質更加放心。

圖 6-13 所示就是買家在寶貝詳情頁面中為消費者提供的所售寶貝的專業品質檢驗報告，消費者透過專業的鑑定更加瞭解寶貝的品質情況，並且在與沒有質檢報告的產品比較中，一定會首選該產品進行購買，在一定程

度上贏得店鋪的銷量，同時也將店鋪的轉化率進行了質的提升。

圖 6-13　寶貝的品質檢驗報告

9. 促銷號召

　　很多時候，當買家在看中商品後卻一直猶豫是否值得購買時，賣家的促銷號召就能夠輕鬆地促使買家下單購買。這表示適時地從賣家以及店鋪的角度發出寶貝的促銷資訊是極其必要的，對於爆款的打造寶貝來說，就更需要這樣的方式來提高銷量。限時、限量、返現優惠等促銷號召對爆款的推動有不小的作用，而對於這樣的賣家手段，絕大部分的買家都會欣然接受。

10. 店鋪故事

　　不管是對寶貝的優化還是描述，都是站在寶貝理性的角度去對商品的

轉化率進行提升的。而在頁面上進行店鋪故事的講述，則從感性的角度出發，讓買家從品牌故事中體會店鋪經營方式以及經營態度等，從而產生一種對寶貝銷售的積極引導的作用。

　　圖 6-14 所示為一家手工店鋪在店鋪中敘述其發展的故事，讓讀過之後的買家感受到一家網店的真實，同時也會將開店的不易以及手工製作的意義透露給買家。而當買家一字一句細讀之後，會在不經意間被賣家的文字所感動，產生共鳴，這便從感性的銷售角度上促進了店鋪的銷售，從而提高了店鋪寶貝的轉化率。對於爆款來說，由於銷量大、價格實惠，可能會讓很多賣家忽略這一點，但如果以心交流，往往會取得更好的效果。

雨墨之露

2008年4月 由墨的朋友L提出在淘宝创业的建议，选择饰品是因为她在义乌，至此，雨墨的前身【白天的梦】淘宝小店成立

2008年-2010年 由于各种原因，无人管理，【白天的梦】并没有真正的运行起来，期间雨偶尔做一些手工玩意儿

2010年3月【白天的梦】正式改名为雨墨 出售雨平日所作的小饰品 并开始有零星的顾客

2010年6月 雨墨由于有新成员加入 改名雨墨芳桓 同时兼营原创数码直晒印花T恤 这段时间慢慢开始有很小的客户群

2010年8月 参加"创意点亮北京"艺术文化节，并被北京电视台采访

2010年9月 刚加入的成员因个人原因退出，雨墨芳桓解散，雨墨决定坚定自己最初的路：做原创饰品，无论怎么样

在雨墨毕业后一年间，曾经窘困到不敢出门的地步，连几块的交通费都要紧紧攥在手中不敢多浪费一分，最初从一个月只有几十元逐渐到几百再到一千

一年过去了，我们已经到了在北京无法生存的境况了，还是决定这样走下去。

2010年10月 店铺重新整顿

2010年11月中 被不知名者加入淘宝店铺街，并上首页，初步开始被关注

2010年12月 上创意站首页

2011年1月 被淘小二推荐至今日焦点的跟随购

2011年4月底 再上淘工湖首页，又一次引起关注

2012年初 接受淘宝网罗天下采访，并在全国60多个电视台播出

至今

不知道这个坚持还能走多远

圖 6-14　店鋪故事

轉化和破零

　　萬事起頭難，但是一旦跨出第一步，接踵而至的往往是意想不到的收穫。對於爆款第一週的打造來說也是如此。有了第一單交易之後，透過

適時合宜的店鋪寶貝監控，將準備打造成為爆款的商品進行初步有效的修改，探尋出能夠將寶貝再次和多次銷售的路徑，就能為這件寶貝贏得成為爆款的基礎和先決條件，也就能夠在接下來的推爆工作中創造更多的有利因素。因此爆款的邁出點轉化並破零，就是每一位賣家在進行爆款打造時首要研究和實施的一點。

監控轉化率

淘寶的轉化率是由店鋪中的成交筆數（交易量）和進店瀏覽人數共同影響的，而一個優質的店鋪轉化率通常是靠著更高的交易量來達到的，因此對轉化率的監控，一定程度上就是對交易量的監控。對於交易量來說，影響它的因素多種多樣，但總體做法，就是要保證店鋪中所有商品的資訊優化、店鋪客服品質的保證以及推廣路徑的優化。

監控轉化率首要的一點，就是對店鋪中正在打造的商品的一切進行監控。從「搜索流量」方面看，要注重對關鍵字的監控，藉由專業軟體和淘寶排行中的搜索指數的詳細總結，進一步處理寶貝關鍵字自身的修改和更換。從「商品銷售」的環節來說，要定期整理買家的相關數據和需求，進一步將寶貝打造得更加符合消費者的需求。從店鋪的「客服品質」來說，不僅要從話術來培養更多能和買家暢聊同時能夠有效解決買家提問的關鍵客服。此外，就是透過適當的推廣監測到寶貝所能夠達到的交易量。

以上三大方面的監控，實質上也就是從寶貝成交量來合理地對商品的轉化率進行有效的監控。同時，監控交易的源頭，可以有效地控制和調整正在爆款打造的相關進程，從而進一步為爆款成功占領市場打下良好的基礎。

破零方法

在淘寶中購物的買家一般都具有一個相同的消費觀點：不願意成為第一個購買的人。這就是為什麼一件寶貝的交易量一旦沒有破零，就會在很長一段時間之內沒有買家買它；相反，在寶貝的交易量破零之後，緊接著就會有第二件、第三件、第四件的商品被其他人買走。因此要想讓商品有一

定數量的交易量，就要將打造的商品進行破零處理，在吸引一定的消費者後形成寶貝銷售的羊群效應。

　　商品的破零可以為寶貝快速累積人氣，爭取更寬廣的銷售門道，這是寶貝上架之後所必須要做的，而且還能為之後的螺旋上升做好鋪墊。可見寶貝的破零在爆款的打造中是何等重要。做到商品的破零，是實現優質銷售的前提，要做到破零，不能單單靠將寶貝進行多麼美妙的描述和介紹，可以藉由以下幾種方法對寶貝交易進行破零。

1. 商品戰術

　　在商品交易量破零的時候，不僅要想其他的方式來促進和推動，在商品自身的環節上也要進行完善的處理，從內因的修煉開始，讓所打造的商品都能夠被買家自主購買，交易量破零就不是問題了。

　　首先，在挑選商品的時候要選擇吸引人的商品。淘寶爆款的常規選款，多以季節性的寶貝最為常見。例如夏季時買家會搜索泳裝、扇子、涼拖鞋等，冬季時會搜索棉衣棉服、暖手袋、帽子圍巾等，這樣的擁有很多人搜索和消費的背景下，一定程度上可以減小賣家在銷售商品時的壓力。相反，對於一些想打造反季熱銷產品的店鋪來說，效果往往不盡如人意。因為在淘寶購物中，買家會覺得商品的價格和交易的便捷程度應大於市面市場，因此更願意在淘寶中購買當季能想到和做到的一些寶貝。

　　圖 6-15 所示為在搜索欄中進行爆款商品查看後所篩選的寶貝，可以發現出現在其中的商品都是當季的。因此，爆款打造的第一步挑選的商品應從市場的需求出發，以主流為基準，這樣更容易在交易量上取得較好的成績。

　　選擇好適當的商品之後，要將其銷售出去，需要依靠頁面上所顯示的商品名稱和相關介紹，讓更多的買家產生興趣並購買。對於商品的名稱，首先要做到標題和產品相符合，切忌進入「掛羊頭賣狗肉」的淘寶禁區。制定標題時，可以透過淘寶等相關的搜索指數來將最具人氣的搜索字詞挖掘出來作為寶貝名稱中的關鍵字，以提升寶貝在自然搜索中的曝光度，突破交易量為零的現狀。

¥18.60 回部　　　1662人收货
秋冬新款爆款圓領打底毛衣女套
裝加厚款格寬松外套針織打底衫
≡ 衣然选你8　　　江苏 苏州

¥85.00 回部　　　1350人收货
爆款森女系圓領蝙蝠長袖寬松大
码女裝中長款套裝針織毛衣毛衫
≡ bocean　　　江苏 苏州

¥198.00 回部　　　1170人收货
14爆款鹿皮绒流苏裝饰时尚欧美
显瘦波女牛仔裤包臀短裤女裤裝
≡ 爱show公社　　　广东 广州

¥128.00 回部　　　820人收货
爆款新款休闲套装针织衫 大码女
装打底毛衣长袖针织衫套裙潮

¥29.80 回部　　　714人收货
新款2014秋冬超韩范爆款棒球领
设计拼色纯棉卫衣套头外套

¥252.00　　　676人收货
10414130461森马专柜正品新
冬款女装休闲时尚服装40

圖 6-15　爆款搜索

　　除了寶貝的選款以及名稱之外，從商品戰術出發，想取得一定交易額，就要合理適當地打造介紹寶貝的網頁頁面。一個令人賞心悅目的頁面往往會比不追求視覺效果的頁面受到更多買家的青睞，特別是較年輕買家的青睞，這就是買家在系統後臺上常見的旺鋪範本宣傳的原因之一。

　　藉由適度的頁面設計和管理，適當提升店鋪的品質感，更加有利於商品的銷售。圖 6-16 所示為一家店鋪頁面裝修得十分有個性的首頁。面對這樣的頁面裝修，我想如果買家喜歡店鋪中所出售的商品，即便是零交易量也會下單購買。

圖 6-16　店舖設計頁面

2. 推廣戰術

　　在打造爆款的前期，由於交易量仍然存在著一定的局限性，為賣家帶來的收益或許並不理想，利用一些付費的推廣工具來取得寶貝的交易量往往不太合時宜。在這個階段，可以儘量選擇一些免費推廣，並利用這樣的推廣力促寶貝的第一單成功交易。在這一點上，通常會選擇透過論壇的形式詳細地介紹寶貝，並且在帖子中公正客觀地回答看帖人的各種提問和相關討論。淘寶也有其自身的論壇，供淘寶的買家和賣家進行一些商品或者其他的討論，平時也能夠吸引到足夠多人的興趣。

　　但需要賣家注意的是，倘若在淘寶論壇中進行寶貝的推廣，首先不能推廣得過於直白或者大量地去打廣告，否則很容易被網站管理員封貼；同時要將自己融入並參與其中，與前來逛帖的人積極互動，一方面能夠促使所發布的帖子擁有較高的人氣，利於被置頂，同時能夠從互動中將更多寶貝的資訊展現在瀏覽者或者是買家的面前，讓其充分地瞭解，這樣就更有利於賣出寶貝，完美地實現寶貝交易量的破零計畫。

3. 價格戰術

　　價格是消費者的購物選擇的最重要影響因素之一，利用價格作為寶貝

的競爭法寶來獲得破零的方法，已被愈來愈多想要打造爆款的賣家選擇。以價格的優惠突破買家購物心理最後的一條防線，交易量的破零不在話下。

　　一般來說，想要在價格戰術方面取得良好的成績，需要注意的誤區是不能夠一味地降低寶貝的價格，否則反而會使買家懷疑寶貝的品質。賣家應在價格的戰術上選擇適時和適宜的優惠政策，從這一方面入手，既在商品的價格上作出一定的讓步，同時也會使買家從中體驗到優惠實惠的心理。從價格著手破零的例子如下表所示。

第一天	新老顧客抽獎，中獎率百分之百，中獎獎品包括店鋪紅包、寶貝包郵券、限量贈品等
第二天	新老顧客回饋，一件包郵，兩件五折包郵
第三天	當日成交的顧客實行買一贈一的政策，每個 id 限量三件
第四天	對寶貝進行適當的價格回升，增加贈品的贈送
第五天	基本恢復寶貝的原價，可以在原價的基礎上進行較小折扣的回饋，實行好評返現的優惠活動
第六天	商品原價，好評返現

　　價格戰術會使得賣家在一定程度上只獲得較小的獲利，甚至還會虧損，但能夠將商品的交易量破零並且吸引到更多的交易量，賣家就能在後期抵銷之前的虧損，獲取到更多的收益，這就是在破零上採取價格戰術為賣家帶來的「以虧至贏」。

買家池維護

　　對買家池的維護其實只需要賣家盡一點力，就可以為店鋪換取更多的轉化率，是長期維護和經營店鋪的一種很重要的方式。在這方面，通常是將店鋪經營多元化和客服溝通相互關聯，共同建立起買家池的維護。對於買家來說，能夠收到曾經或正在消費的店鋪對自己的關懷，能感到賣家的心暖和店鋪的誠信，在一定程度上能夠成為店鋪的老顧客，並且還能藉由口耳相傳地推廣，為店鋪帶來更多的新買家，在這個店鋪內就會形成良性的買家圈，帶來更多的店鋪轉化率。

　　圖 6-17 所示為買家池維護的循環圖表。從圖中我們可以看到，透過對

買家池的維護，能夠有效地貼緊買家，同時將自身的售後服務提升得更加健全，也在一定程度上強化了對寶貝、品牌乃至店鋪的宣傳力度和知名度等，在省下高昂的宣傳費用的同時，仍然能夠取得利於寶貝、店鋪發展的效果。

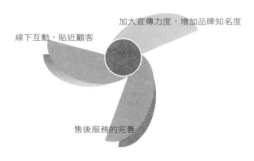

加大宣傳力度，增加品牌知名度

線下互動，貼近顧客

售後服務的完善

圖 6-17　買家池維護循環圖

1. 建立關係

　　對於買家池的維護，每一個店主都要在買家進入店鋪瀏覽之初一直到瀏覽或者完成交易後關閉網頁為止，都要確保進入店鋪瀏覽的買家能夠感受到店鋪為他營造出的關懷，而主動在店鋪中進行消費。在店鋪同買家建立關係，應從買家在消費前對寶貝的相關諮詢和猶豫的售前、正在交易中的銷售中、完成交易、商品到達買家手中、拿到商品的售後等方面都要進行全方位的維護。當然，這一點主要由客服來擔當。

　　對於一些謹慎消費的買家來說，瀏覽寶貝詳情頁面後，通常還會習慣性地點擊阿里旺旺來諮詢寶貝瀏覽中沒有解決的問題，這個時候，店鋪客服的反應時間，以及首次聊天的問候用語等會在第一時間讓買家留下對店鋪至關重要的印象，同樣會影響買家是否會繼續交談下去或進行購買。因此，要和消費者建立良好的關係，第一步就是要以感性的角度讓買家願意留在店鋪中，為接下來的購物和體驗提供基礎。

　　圖 6-18 所示就是在淘寶客戶服務中收到廣

圖 6-18　旺旺回覆

泛好評的一家天貓店鋪的首次問候用語，它不僅會在第一時間向買家提供協力廠商物流的相關資訊，同時在回覆買家的第一句話中讓買家感受到其熱情，讓買家有良好的客戶體驗，決定繼續溝通和交流。

在購物過程中，買家通常會遇到的問題就是價格的修改，這一點會讓買家感受到店鋪的效率以及客服的專業程度，這就需要店鋪在平時的相關管理和培訓工作中多花功夫。除了價格上的問題外，還有就是店鋪的服務水準。當買家成功付款之後，代表店鋪的客服應該第一時間向買家確認收貨資訊，同時向買家承諾發貨的時間，並以旺旺或者短信的形式向買家提供即時追蹤包裹的資訊，這樣做不僅可以保證店鋪的服務品質，帶給買家更好的消費體驗，還能進一步對買家池進行維護和鞏固，培養固定的忠實買家群體。

店鋪和買家建立關係的最後一個環節，也是最重要的環節，就是買家拿到購買的商品並取得購物體驗之後店鋪對買家的「售後追蹤」，詢問買家對商品是否滿意或定期向老顧客提供一些優惠政策，使其進一步感受到來自賣家的心意。

圖 6-19 所示為一家店鋪專門為老顧客設置的 QQ 群，在這個群中會經常發布一些較為內部的優惠資訊，來突出群中買家的重要性，然後從中累積越來越大的買家池。這是建立一個買家池的好方法。

圖 6-19　買家群

2. 維護關係

買家池關係的維護不僅在於良好關係的建立，更重要的是關係的維護。當買家在交易完成之後決定是否對店鋪進行再次購買或者推薦，很大一部分原因就在於賣家是否會繼續對這些消費者進行定期、定時的維護，而這個維護工作不僅包括藉由郵寄小禮物或者發一些關懷感恩的消息，而且包括將這些老顧客劃分到店鋪 VIP 分類中，透過會員制度以及專享的服務來進行價格戰術上的買家群維護。圖 6-20 所示為一家在淘寶經營化妝品

和護膚品店鋪在宣傳欄中，根據消費金額的不同，將老顧客分為不同的優惠等級，不僅能夠促使買家進一步消費，增加店鋪收益，同時能使買家找到歸屬感，產生想要在店中再次購買的意願。

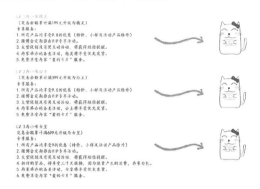

圖 6-20　老顧客優惠條例

　　另一種有效維護買家和賣家之間的關係的方法，就是利用商品的郵寄，讓買家在拆開包裹的時候收到來自賣家、店鋪的祝福關懷小卡片，不管是不是親手寫的小卡片，都讓買家感受到暖意，更加充分地體現出店鋪的良好服務。圖 6-21 所示就是一家店鋪將心意卡與售後卡相結合，讓買家體驗到齊全的服務而收藏店鋪。

圖 6-21　賣家心意卡

隨著時代發展，愈來愈多的買家已經從消費時用理性去判別商品質量和服務的好與壞，逐步發展成為滿意或者不滿意的感性消費觀念。因此對顧客的服務以及顧客關係管理就顯得尤其重要。

　　經營淘寶店鋪的賣家藉由管理客戶關係來維繫老顧客、發現新顧客、培養忠實顧客的方式為店鋪轉化率的手段，增加店鋪交易量和銷售額，使店鋪在整個淘寶市場中處於穩定上升的良好態勢。

第 7 章

打造爆款的第二週

爆款需要賣家衡量不同的權重，並進行調整與資源分配，第一週主要讓寶貝能夠出現在買家的視線中，來贏得寶貝的曝光率以及流量。第二週則是要徹底維護爆款，將爆款寶貝盡全力地推向整個淘寶市場，並藉由適當的方式在同類產品中贏得關注焦點，取得市場占有率。

第二週的核心操作點

在打造爆款的第二週，就是要將寶貝現階段的權重進行適當的調整，然後具有針對性地對寶貝的銷售和運作進行合理的規劃。衡量具體的銷售情況，首先將寶貝的交易狀況以及店鋪的運轉作為爆款打造第二週的基礎，可以有效地調整修正第一週之內打造爆款不完善的地方，同時從銷售量的方面對爆款的銷量進行改善，讓寶貝成為真正的爆款，並且占領同類商品的銷售市場。圖 7-1 所示就是商品在爆款打造的第二週的一系列數值和指標要求。

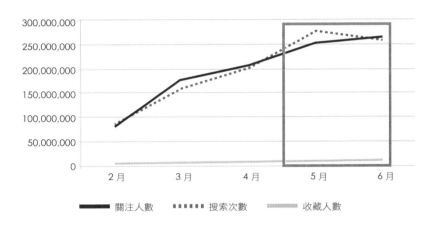

圖 7-1　爆款商品第二週的走向趨勢

▌ 如何累計權重

在爆款打造的第一週，打造為爆款的寶貝，其權重分別在主圖詳情頁、標題關鍵字以及搜索欄中各要素上，目的是讓更多的買家能夠關注到商品本身，吸引到更多的流量，同時將這個興趣轉化成為購買力，從而不斷地提高店鋪中商品的轉化率，形成爆款打造的第一步。而在爆款打造的第二週，所針對的權重也發生了變化。在這一週內，最重要的是要讓已經

累積了一定人氣和交易量的商品吸引到更多的人氣和交易量，讓此時所打造的商品逐步成為全網中的銷量之王，以此來形成最佳爆款效果。

1. 人氣和收藏量

　　爆款也叫作超級人氣寶貝。對於已經初步形成的爆款來說，人氣和收藏量是其權重中占比最大的一個因素。在淘寶中，有很多爆款被稱為是「人氣爆款」，就是說人氣在爆款的形成過程中有著十分重大的影響。人氣不僅可以為所銷售的寶貝吸引更多的流量，同時能夠為店鋪帶來更多的利潤，兩者的共同作用對寶貝的搜索排名也有著至關重要的拉動作用。

　　在淘寶定期進行統計的排行中，就是透過人氣的方式將近期時段以來不同類目或類別下的寶貝進行熱門搜索排名，當我們隨意點擊進入這些類目中排名第一的寶貝，就會清楚地查看到該寶貝的銷量情況。圖 7-2 和圖 7-3 所示是藉由查看人氣商品排行榜，並點擊進入寶貝的詳情頁面後得到的該商品上萬的交易數據。其中不難發現人氣對銷售量的影響。在爆款打造的第二週就是需要商品交易量的大幅提升，因此將人氣看成這一步中權重累積的重點，是完全有必要的。

圖 7-2　爆款排行搜索　　　　圖 7-3　爆款銷售情況

　　關於寶貝的收藏量，往往一款具有爆款潛質的商品的收藏量，在一定程度上反映了該寶貝是否具有繼續成為爆款的特徵。當一件寶貝被更多的

人收藏後，就說明了寶貝具有銷售潛力，那麼在爆款的打造中，它也就更加具有推廣價值。

在淘寶中，收藏量的官方解釋是：店鋪收藏人氣是店鋪收藏人數和關注熱度的綜合評分，寶貝收藏人氣是寶貝收藏人數和關注熱度的綜合評分。因此在淘寶中，收藏量對於寶貝和店鋪的綜合評分仍然具有一定影響，也就是說，透過收藏量的累積，一定程度上可以有效提前寶貝在全網中的排名。同時，收藏量往往是衡量一個店鋪熱度的標準，其具體數值也可以動搖一個瀏覽寶貝的買家購買商品的信心。

一般來說，在銷售同類商品的店鋪中，收藏量高的店鋪的曝光率要高過同行；而在同類商品中相比較，收藏量高的商品也往往比收藏量低的商品賣得更加火熱。因此，在打造爆款的第二週裡，為了進一步提升寶貝的曝光量以及銷售量，萬萬不可輕視曾經被忽略的收藏量因素。

為了讓收藏量進一步提升，經常會從店鋪的主觀出發，去引導買家關注店鋪和寶貝，而這些方式通常包括關注有禮、關注參加店鋪抽獎、互刷收藏量等。圖 7-4 所示是一家店鋪為了取得更高的收藏量而在店鋪的首頁打出的收藏有禮廣告，並以吸引人的店鋪紅包優惠作為收藏條件吸引更多買家收藏，不僅讓買家享受到了店鋪的福利策略，同時讓店鋪擁有了更多的收藏量，增加了店鋪的曝光率。

圖 7-4　店鋪收藏有禮廣告

2. 流量和銷售量

寶貝的銷售量在爆款的打造第二週同樣也是一個格外重要的權重累積點。第一週的破零計畫，讓寶貝累積了一定的銷售量和人氣，帶動了銷售中的「羊群效應」，讓銷售量不斷地向上提升。銷量對於爆款來說絕對是一個至關重要的因素。縱觀全網不同類別的爆款，其銷量往往都處於一個高值的區域，可以說銷售量與這個時期較為成熟的爆款打造之間，存在著相輔相成的關係，即爆款的打造離不開銷量的累積，而銷量也進一步促成爆款的形成。

在爆款打造的第二週裡，賣家們可以在銷量問題上全力進行打造。銷售量的增加離不開提升店外引流和店內引導。藉由推廣和宣傳，將寶貝和店鋪的曝光率從搜索寶貝的淘寶買家向瀏覽淘寶全網、甚至瀏覽其他購物網站的買家擴散，並且透過宣傳中的亮點讓來自買家的流量不斷進入，從而從關鍵的流量中追尋更高的銷售量，形成一個「因買而賣」的良性爆款圈。

3. 價格

價格是買家是否選擇商品、購買商品的重要的權衡點之一，並且貫穿著商品銷售的每一個時期。較低價格能夠在爆款的打造初期將商品的流量有效地吸引進店內，然而在爆款打造的第二週內，特別是在爆款量和人氣達到了一定的高度時，一味地低價反而不能彰顯出推動爆款進一步發展的作用。在這個時期，合理地增長價格或者是以高出低賣的形式，不僅能夠提升爆款寶貝本身的品質，而且利於營造爆款的緊迫感，在較短的時間內用價格的因素來促進寶貝的成交。

圖 7-5 所示為賣家在爆款打造的中期制定的價格政策：將原價體現在寶貝詳情頁面上面以促銷的價格來進行銷售。對於這種促銷方式，賣家也選用了兩重優惠，即在促銷價之上拍下在價格上還會有優惠。這樣的定價會讓消費者心理形成優越感，並減輕消費者「貨比三家擇便宜選擇」的消費觀念。利用這種價格方式提高爆款影響的權重，並且合理地推升爆款較為成熟時期的交易量。

圖 7-5　寶貝定價

　　圖 7-6 所示是根據較大的價格權重而採取的雙重定價倒數計時式定價法。通常，這樣的倒數計時未必是真正意義上的時間一到立刻恢復原定價格，更多的是藉由這樣的形式來增加買家拍下付款的緊迫感，催促買家儘量在較短的時間之內付款而促使一筆真正交易的形成。

圖 7-6　寶貝定價

　　在這樣一個使得爆款穩步上升的時期內，把握好價格這一要素的權重點，逐步從第一期的基本低價虧損狀態向獲利狀態轉變。同時以定價方式的轉化將一定的消費心理元素加入其中，刺激買家消費，在較短的時間內讓訂單成立。

　　這不僅從正面影響著店鋪的轉化率，同時在爆款成熟時期的打造中真正做到店鋪與消費者共同受益，即以合理的價格購買合理的商品，以滿意的價格進行出售。

4. 供求關係

　　如何賣得好、賣得多，是爆款在打造的第二週內的核心操作點。針對這一點，最核心的就是要找到消費者對所打造商品的需求點，並以需求點

作為商品改良和調整的基點，將商品帶到更多人的消費中去。供求關係實質上就是針對買家對該類別產品的需求，賣家進行一定的迎合，使打造的爆款寶貝符合更多人的購買意願，提高成交量和轉化率。因此，為了將商品打造得更加符合成功爆款的標準，應從消費者的供求關係入手，並對應著將其打造成為爆款寶貝。

圖 7-7 所示是全網銷售的打底褲。可以看到，下標數量眾多並且在搜索頁面中排名前列的寶貝都是根據天氣情況，符合更多的買家希望能夠買到質地厚實、防寒防凍且具有保溫效果的打底褲，這些經過店鋪賣家改良的寶貝更加符合需求的變化，才能夠達到月銷上十萬的數字，才能將寶貝的爆款打造得更加合情合理。

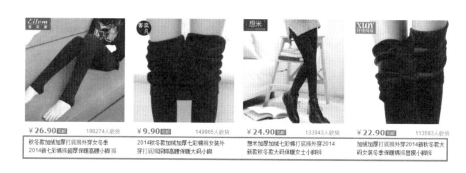

圖 7-7　按需求銷售的寶貝

▌關鍵字有效度分析

對淘寶商品的關鍵字選擇，一般都透過「找詞」→「分析詞」→「選詞」→「分詞」這四個步驟來進行設置的。經過了一週的定向調查，對關鍵字中過高或過低的競爭度，同樣無法使店鋪後期的操作無法得到一個比較理想的收益。因此，在爆款打造的第二週，適當地對關鍵字的有效度進行分析，讓寶貝在關鍵詞的合理化和有效化中贏得更多的流量和成交量。

在爆款打造的第一週裡，為了讓寶貝擁有更高的曝光率，在關鍵字的選擇上主要以「大」為主要導向，這些「大關鍵字」的運用能夠在所要宣傳

的物件中被搜尋引擎收錄，同時也能夠被目標群體注意，並且還能夠形成一些能夠代表、標記、 明形成印象的標注性元素。這些關鍵字通常被分為圖 7-8 所示的八大類。

圖 7-8　大關鍵字分類

　　這八個關鍵字中，擁有在爆款打造前期充分曝光寶貝的作用，但對於正在或已經處於成熟期的爆款來說，寶貝要想讓人記住，需要進行適當的分析和補充。例如，在傳統寶貝關鍵字中最常出現的就是寶貝的類目名稱、屬性等，這樣的基礎關鍵字有利於寶貝的展現，卻忽略了淘寶中極大的競爭。

　　圖 7-9 所示為在自然搜索欄中搜索的嬰兒用品，其關鍵字為「紙尿褲」，可以看到一共有四千多種寶貝，同時淘寶系統也提供了很多不同品牌、型號、規格的紙尿褲供買家選擇，說明選擇最常規的關鍵字能夠將寶貝展現在全網，但是從關鍵字的有效度卻無法達到在淘寶中的搜索 Top 效果。

圖 7-9　關鍵字搜索

當我們從淘寶的排行中進行該類商品的熱銷搜索時，如圖 7-10 所示，銷售量排名較前的寶貝名稱中，關鍵字的選擇上都適當地添加了寶貝的特點、品牌、性價比等字詞，藉由這樣的方式能夠有效地從打造爆款的第一期吸引曝光度及流量的基礎上，轉化到樹立品牌和打造特色的方向上，使寶貝自身有較為響亮的名稱，讓買家在產生某種商品購物欲望的時候就能夠想到店鋪中所銷售的商品。因此在爆款打造的第二週，要下功夫提交寶貝關鍵字搜索的有效度。關鍵字有效度的調整也有以下幾種方式。

圖 7-10　寶貝熱銷排名

1. 關鍵字搜索工具

隨著淘寶的日益深入人心，隨之而來的是更多優化店鋪的輔助工具的誕生，特別是針對一些規模較大的或者月銷量較大的店鋪，透過營運系統的軟體能夠在較短的時間內將所需要得到的答案詳細和準確地呈現，因此受到了很多賣家的喜愛。

在賣家系統中，關鍵字搜索和選擇的軟體有很多種，其中電商老 A 工具箱中也能夠找到關鍵字查詢或者搜索的相關工具，如圖 7-11 所示的老 A 淘詞精靈以及老 A 搜詞精靈。藉由專業軟體的分析，能夠結合店鋪自身所設定的關鍵字尋找出在商品上架期間其在淘寶全網商品競爭中的有效度、熱度等，使賣家透過關鍵字的適當修改，更進一步促進商品銷售。

圖 7-11　關鍵字處理軟體

圖 7-12 所示是老 A 搜詞精靈的基礎搜索中，藉由對不同級別的類目關鍵詞進行的全網關鍵字搜索。透過這樣的軟體分析，在較短的時間內搜查以一級類目「飾品／流行首飾／時尚飾品新」和二級類目「手鏈」，可以清楚地看到近段時間搜索排名中靠前的關鍵字，如「手鏈」、「手串」、「手鏈女」、「小葉紫檀」等，這對於銷售首飾的淘寶賣家，在其寶貝關鍵字的處理上很有幫助。

能夠觀察到的首飾搜索關鍵字就是買家最熱衷搜索的。在爆款打造的第二週需要銷量進入的關鍵時期，賣家可以結合搜索，適當地改變爆款寶貝標題中的關鍵詞來提高被搜索時的有效度，讓爆款寶貝在搜索的時候更容易被買家有效地搜索到，從而達到良好的店鋪轉化率。

圖 7-12　關鍵字搜索

2. 搜索框提示

提示框的搜索在很大程度上反映了一些最近被熱門搜索的關鍵字,藉由提示框搜索的方式,不僅利於淘寶買家輸入時更加方便,也能夠有效和合理地為賣家創造一個系統自動尋找關鍵字的機會。

圖 7-13 所示是買家在搜索寶貝關鍵字時自然搜索框中自動提示的搜索詞。以這樣的形式出現的關鍵字,雖然絕大部分僅僅是字和詞,也不太完整,但系統的自動推薦說明了這些關鍵詞在近期被搜索的次數及涉及程度上都比較熱門,這對於打造爆款第二週賣家調整寶貝標題關鍵字的有效度是十分有用的,愈來愈多的賣家也開始利用這種方便的關鍵詞查看和選擇方式。

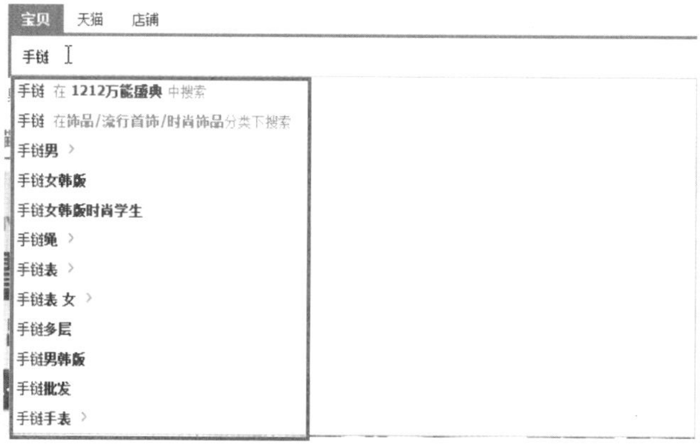

圖 7-13　寶貝搜索框提示

3. 相關搜索

相關搜索是淘寶系統的搜尋引擎為了「為買家提供更好服務」而提供的附屬搜索功能，通常在輸入搜索框進行自然搜索的買家中，有很大一部分都不確定應該搜索怎樣的寶貝關鍵字，才能夠將所需要尋找和搜索的寶貝準確地搜索出來。對此淘寶系統會在搜索完成時，在頁面中進行一定的搜索提示，其中便包括了與買家搜索相對應的寶貝。

圖 7-14 所示為在自然搜索框中輸入了「羽絨服」這個關鍵字，而系統對符合該關鍵字的寶貝進行搜索之後自動展示「羽絨服女」、「短款羽絨服」、「羽絨服女中長款」、「毛呢外套」、「羽絨服男」等其他關鍵字，透過對比這些自動顯示的關鍵字，會發現其中絕大部分的差別都相當小，但卻包含了不同買家想要搜索的不同寶貝。因此賣家可以借助這樣的關鍵字搜索來改變寶貝關鍵字的詞尾設計，將寶貝引入更加豐富的搜索範圍中。

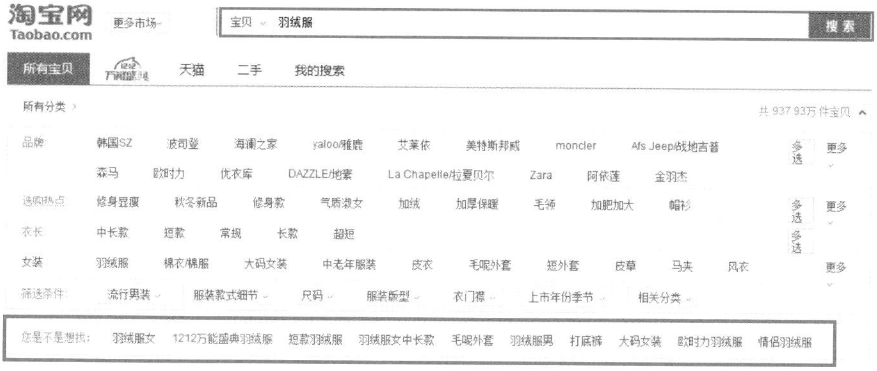

圖 7-14　寶貝相關搜索

詳情頁調整

在打造爆款第二週的頁面調整中，最重要的一點就是要進一步提高寶貝的轉化率，讓更多瀏覽了詳情頁面之後的買家清楚地瞭解到這件寶貝是廣受大眾喜愛追捧的。同時，在一般情況下進入店鋪中瀏覽寶貝的買家都會選擇進行交易和給予好評。以這樣的目標為頁面調整的核心，便能夠在爆款打造關鍵的第二週中有效地拉入更多的買家及爆款的成交量。

1. 吸引目光放前面

能夠充分吸引購買了商品的消費者目光的就是店鋪所策劃的優惠活動，而在這樣的活動中，店鋪會帶給消費者適當的贈品或者現金獎勵，即使商品本身的定價不算低，也能從這樣的優惠策略中吸引到更多買家的青睞。

圖 7-15 所示是一家店鋪將舉辦的活動，以紅底黃字的醒目形式展現在詳情頁面的最頂端，將店鋪的優勢和寶貝的優惠列出來，並在第一時間顯示在買家的眼前，讓買家深刻感受到寶貝的優惠並感覺在這家店鋪消費是撿了一個大便宜，而這是在實體店中所不能取得的優惠。透過這樣的方式，自然而然就能夠激起更多買家的購買欲，讓其主動進行消費，促使商品交易量大增。

购买这款铁塔伞才能参加好评免费送的活动

只要亲舍得给好评，我们就舍得送你好礼品

活动就今天，最后一天

圖 7-15　詳情頁優惠資訊

2. 抓住客戶體驗核心地帶

藉由滑鼠滾動的寶貝詳情頁面前三頁，對寶貝是否能夠完美被買家接受並產生購買意願是至關重要的，抓住消費者消費的核心地帶正是前三頁的主要作用，因此正確設置前三頁的寶貝詳情，對於第二週爆款打造的詳情頁面調整來說也是十分有必要的。

首先，詳情頁面要為瀏覽的買家提供清晰而準確的產品全景圖，讓買家在適當的瀏覽之後對爆款寶貝有一個整體而全面的印象。通常來說，當買家發現或者是對一款寶貝流露出一定的興趣並點擊詳情頁面進行查看時，買家最關注也最想要看到的就是寶貝本身。因此對詳情頁面的調整就是要確保先將寶貝最好和最全面的一面在前三頁之內出現在買家眼中。切忌在詳情頁面的前半部分出現與爆款寶貝無關緊要的事物，否則買家瀏覽

半天不知所云，就會直接關閉頁面離開，造成不必要的跳失率，一定程度上對寶貝以及店鋪上的排名造成影響。

從瀏覽寶貝的買家視覺和心理出發，讓出現在買家眼前的詳情頁面充滿視覺衝擊力，促使買家增強對於商品的喜受。根據不完全統計，在淘寶網中普遍受買家喜歡的寶貝詳情頁描述多為透過一定的構圖、顏色搭配以及合理修整而形成的寶貝圖片，圖片的顯示也能夠增強買家對這款寶貝的購買欲望。

圖 7-16 所示是一款牛仔褲在詳情頁面中出現的圖片，該圖以灰色為背景，將文字和寶貝平鋪於整個背景顏色上，不僅讓牛仔褲及其特性更加醒目地展現在瀏覽者的眼前，同時藉由圖中強烈的顏色對比，讓買家停留更長的時間，這就能夠有效地增加買家的體驗感，從而讓買家將更多的目光放在對牛仔褲的進一步瞭解中。

圖 7-16　寶貝圖片

除了對寶貝詳情頁面中的圖片進行顏色等處理外，還可以藉由更詳細的相關場景搭配來增進買家的消費。齊全而詳盡的搭配圖能夠使買家在查看該寶貝的同時深入地瞭解其具體的用法和相關搭配，同時還能帶動出現在場景搭配圖中的其他商品的銷售，讓每一筆訂單中的成交數量和類別都

能適當地增加。

　　在買家對前三頁的瀏覽中，除了讓買家在第一時間內對爆款寶貝有著詳盡的瞭解，就是要將其賣點進行一定的展現，讓買家從詳細的瞭解中能夠查看到寶貝的賣點。每每在買家透過大範圍查看寶貝的同時還能夠從不同講解和描述的部分看到更多的細節，便能在較短的時間內下單購買。男性買家表現更加明顯。

　　圖 7-17 所示為出現在寶貝詳情頁面中前三頁的寶貝整體圖，從整體圖中可以清楚地看到觸點手套主要是將其運用在拇指、食指和中指的細節，藉由這樣的穿透性介紹，節省了瀏覽此款手套的買家的時間，讓其在瀏覽開始便能夠充分進行詳盡的瞭解。想要將該手套打造成為爆款，就要增加其詳情頁面中的表述效率。

圖 7-17　　寶貝細節圖

3. 賣點調整

　　因時制宜地在詳情頁面中進行賣點的調整，不僅能夠在爆款逐步成熟時取得更多的吸引點，同時也能夠抓住爆款推出前期受人追捧的商品熱賣點，在其基礎上能夠激起更多買家的購買欲望。對淘寶爆款寶貝的詳情頁面的調整，實質上與演講等有著一樣的規範和要求，也就是要求講解所傾述物件的關鍵點。

　　這一時期，寶貝銷售的關鍵點就在於爆款寶貝的使用效果，因此要從第一週以介紹為主向具體的使用效果過渡，並以其作為主要的賣點進行全

方位的打造和敘述。

　　對於淘寶網的主流市場來說，服裝占的比重十分龐大，很多淘寶的爆款都出自其中。對於服裝產品，在爆款打造的第二個階段，其賣點就可以從前期的面料、款式、版型、做工上向模特兒效果以及真人上身效果上進行一定的轉化，同時可以運用動態 GIF 圖片的形式在詳情頁面中進行展示，讓瀏覽的買家深刻地瞭解到寶貝拿到手上的感覺和效果。

　　圖 7-18 所示為一家女裝專賣店的詳情頁面，以較大篇幅將店中的寶貝與當今較為流行的類似款真人秀圖片擺放在一起，從對比的角度上將所銷售的衣服與更多時尚流行的元素相結合起來，透過上身圖向買家進行最貼近生活的介紹。這種方法一般比單純的平鋪和介紹對買家來說更加有吸引力。

SHOW

圖 7-18　寶貝上身效果圖

4. 爆款寶貝的針對性

　　在頁面調整中，要將最能夠打動消費者的寶貝賣點直接注入買家購買欲望最強大的一點上，使詳情頁面上介紹的寶貝經過調整後更具有核心穿透力。這種方式一般被稱為寶貝的痛點解決法。也就是說，在詳情頁面中將寶貝的真相調整在頁面最引人注目的位置，讓買家在進行瀏覽的時候產生「對，這就是我想要的商品」的想法。

　　圖 7-19 所示為詳情頁面上的宣傳圖，讓瀏覽頁面的買家清楚地看到商

品特性，從特性中感受到商品能夠在寒冷的季節中避免一些穿衣的缺點，如臃腫等，讓一些較為愛美的年輕女士更加喜愛，也增加了這一部分人群的購買需求和購買欲。

圖 7-19　寶貝針對性宣傳

5. 以細節取勝

在淘寶經營中，能夠不斷將店鋪的經營擴大並讓買家滿意的賣家通常都擁有絕對細心的經營方式和經營狀態，這也就印證了一句名言「細節決定成敗」。

在爆款打造的第二週，對爆款的調整同樣也需要關注這樣的細節。在細節方面，爆款寶貝的不同位置要藉由文字或者圖片資訊的形式向買家詳細地說明，讓買家在虛擬的網路交易中，能真實查看到寶貝的一切詳情，不可因為介紹寶貝爆款的狀態或者出現的贈品，而忽略了寶貝自身的描述和介紹。

6. 對比產生差異

要增加買家購買的欲望，就要在詳情頁面中盡全力描述寶貝，做到突出寶貝優點的介紹，以買家能夠觀察得到的對比來說話，往往是最便捷和最有效的頁面調整方式。可以讓買家清楚地瞭解到，即便是走高銷量的爆款寶貝，自身所擁有的品質還是屬於上層的寶貝。

圖 7-20 所示為一家銷售爆款圍巾的賣家，在詳情頁面上展示的實拍寶貝和其他仿品的對比圖，更加直觀地讓買家感到其做工、織法以及顏色上都

更勝一籌,在一定程度上能夠打消一些買家認為爆款只是在做寶貝的銷量,而沒有真正地顧及寶貝自身的品質、細節等問題的認知,以及爆款存在的一些虛假刷單或者虛假評價的不良影響的顧慮。在爆款打造的第二週裡,更加直白的寶貝圖片展示能夠在直觀性和時效性上都能取得一個良好的結果。

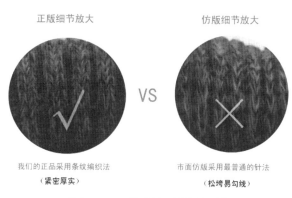

正版细节放大　　　　仿版细节放大

VS

我们的正品采用条纹编织法　　　市面仿版采用最普通的针法

（紧密厚实）　　　　　（松垮易勾线）

圖 7-20　寶貝細節對比圖

直通車引流

直通車是一種為淘寶賣家量身定做的推廣工具,它是以付費的形式、以實現精準推廣為主要目的,目前是淘寶唯一一款適合各類賣家選擇和使用的推廣工具。直通車具有廣告位置極佳、廣告人群針對性極強以及按效果付費的三大優勢。正是因為這三大優勢,目前直通車已經被愈來愈多的賣家作為寶貝推廣工具的首要選擇之一。

直通車在推廣中對賣家算得上是一種多、快、好、省的引入流量和交易量的利器。它不僅能夠在不同的方位為寶貝的推廣打下良好的基礎,也能夠讓買家在打開的寶貝多快搜尋網頁面內看到寶貝出現的身影,同時還能夠讓賣家更加科學和智慧地將寶貝在淘寶全網中進行省優質的推廣,圖 7-21 所示為淘寶直通車優勢

圖 7-21　淘寶直通車優勢

圖。

　　淘寶直通車是一款搜索競價模式的付費推廣工具，它主要透過計算瀏覽淘寶的買家對該寶貝的點擊次數來計算收取的費用，也就是說沒有點擊量便不會向賣家收取推廣費用。這就要求賣家在考慮直通車之前要為寶貝設置引人注意的關鍵字、類目出價以及寶貝的推廣標題。這樣的直通車會使有明確購物目標的買家點擊進入寶貝頁面，具有很高的購物對象精準度。下表歸納了直通車對爆款寶貝的不同優勢。

1	在買家自主搜索寶貝的詳情頁面，直通車會出現在頁面的最佳位置，擁有極高的準確度將寶貝推薦給搜索的每一位具有潛在購買力的買家
2	因為直通車的出現，會使得寶貝的曝光率更高，因此會為店鋪引入更高的流量和轉化率
3	藉由直通車的推廣形式，讓透過其進入寶貝詳情頁面或者店鋪的買家都具有極高的購買意願，一定程度上促使買家在最短的時間內完成交易
4	較大的寶貝曝光率在一定的條件下會為店鋪帶來豐富的人氣，對於寶貝的總排名指數也會有一定的提升
5	熱銷的寶貝藉由直通車的推廣，能夠合理地在一次點擊上帶來多筆成交量，這樣就使得店鋪所銷售的商品形成優質的連鎖效應
6	在加入淘寶直通車的推廣後，商品同樣能夠參加淘寶不定期舉辦的直通車用戶專享的促銷活動，讓推廣的寶貝擁有更多的曝光度和銷量
7	由於直通車點擊才付費的運用原理，使得一定程度上增加了賣家使用推廣工具的靈活性，同時可以有效地控制自身店鋪的營運成本和相關花銷
8	參與了直通車推廣活動的賣家能夠獲得淘寶推廣的優化扶持，從而能夠達到寶貝真正所需要的推廣效果

▎開通直通車的前提條件

1. 淘寶規定

　　在淘寶系統中，開通直通車的前提條件是店鋪本身的狀態符合系統的開通要求。對於淘寶網賣家來說，有以下硬性規定。

1. 店鋪必須已加入淘寶網消費者保障服務，並依照約定繳納消保保證金；

2. 店鋪的信用等級必須為二心級或以上；

3. 店鋪動態評分的各項分值均不得低於 4.4 分；

4. 使用者未因違反《淘寶規則》中關於出售假冒商品相關規定而被淘寶處罰扣分；

5. 使用者未因違反《淘寶規則》中關於嚴重違規行為相關規定而被淘寶處罰扣分累計達 6 分且小於 12 分已滿 30 天，或未因違反《淘寶規則》中嚴重違規行為相關規定而被淘寶處罰扣分累計 12 分已滿 90 天，或未因違反《淘寶規則》中嚴重違規行為相關規定而被淘寶處罰扣分累計超過 12 分且小於 48 分已滿 365 天的；

6. 使用者未因違反《淘寶規則》中虛假交易規定被扣分大於 12 分，或處於因違反《淘寶規則》中虛假交易規定被扣分 12 分之日起 90 天內的；

7. 未在使用阿里媽媽或其關聯公司其他行銷產品（包括但不限於鑽石展位、淘寶客、網銷寶全網版 /1688 版等）服務時因嚴重違規被暫停或終止服務。

入駐天貓的商戶加入直通車也有如下相關的硬性規定。

1. 店鋪動態評分各項分值不得低於 4.4 分；

2. 使用者未因違反《天貓規則》中關於嚴重出售假冒商品相關規定而被淘寶／天貓處罰扣分；

3. 使用者未因違反《天貓規則》中關於嚴重違規行為相關規定而被淘寶處罰扣分累計達 6 分且小於 12 分已滿 30 天 ；或未因違反《天貓規則》中關於嚴重違規行為相關規定而被淘寶處罰扣分累計為 12 分已滿 90 天 ；或未因違反《天貓規則》中關於嚴重違規行為相關規定而被淘寶處罰扣分累計超過 12 分且小於 48 分已滿 365 天的；

4. 使用者未因違反《天貓規則》中虛假交易規定被扣分大於 12 分，或未處於因違反《淘寶規則》或《天貓規則》中虛假交易規定被扣分 12 分之日起 90 天內的；

5. 天貓使用者未處於違反下述規則被扣分之日起 30 天內的：違反《天貓規則》「描述不符」中商家對商品材質、成分等資訊的描述與買家收到的商品嚴重不符，或導致買家無法正常使用；

6. 未在使用阿里媽媽或其關聯公司其他行銷產品（包括但不限於鑽石展位、淘寶客、網銷寶全網版/1688 版等）服務時因嚴重違規被暫停或終止服務。

2. 寶貝選擇

　　開通直通車除了要求店鋪自身符合系統條件的規定之外，還要對加入直通車來推廣的寶貝有一定的選擇，以確保店鋪中所開通的直通車能夠對寶貝的銷售具有很大的促進作用。

　　在這個方面，首先就是爆款寶貝的選擇，因為爆款寶貝是整個店鋪的所有寶貝中銷量、人氣等綜合素質最高的一款寶貝，因此透過直通車的打造就更能增強寶貝在銷售上的良性迴圈。除此之外，建議成人用品／避孕用品／情趣內衣、古董／郵幣／字畫／收藏、奶粉／尿片／母嬰用品、品牌手錶／流行手錶、食品／茶葉／零食／特產、騰訊 QQ 專區等類目下的寶貝的賣家都加入淘寶消保再進行直通車的推廣，避免這些較容易引起交易和法律糾紛的類目商品對店內的銷售產生不必要的影響。除此之外，在開通寶貝直通車之前，要注意將寶貝的相關資訊在其中展現得更加突出和引人注意。

　　(1)寶貝的圖片背景要清晰，從圖中能夠明確地看到寶貝。

　　(2)使用了直通車推廣的寶貝要在同類商品中具有一定的價格優勢。

　　(3)確保寶貝在使用直通車之前就有一定的交易記錄和寶貝評價，打消之後藉由直通車進入寶貝詳情頁面的買家對寶貝的疑慮，這才能夠合理地運用直通車對銷量的促進作用。

　　(4)被推廣的寶貝一定要擁有十分豐富的詳情內容介紹，要讓買家看出這款寶貝在店鋪中的重要程度。

　　(5)在同店中，直通車推廣的寶貝要從多個不同分類和類別中進行選擇，讓店鋪中擁有足夠多的備選爆款寶貝儲備。

3. 賣家心態

對於付費推廣軟體的選擇，絕大多數賣家是存在著風險的。一些店鋪和賣家在使用直通車之後，雖然在寶貝的點擊量上有了較大幅度的提升，但是在成功的交易量上卻不盡如人意，所造成的結果就是推廣產生了一定的費用，卻沒有在寶貝的收益上成功地回轉資金。

因此在開通直通車之前，賣家應該正確地看待推廣的投入和回報，並端正自己的心態。對於直通車來講，它是一個中長期的投入，關注其投入和回報不是簡單看當天的付出和收穫，更重要的是要看藉由直通車對店鋪後期推廣的累積，即店鋪收藏數是否增加、店鋪其他產品的關聯銷售是否被帶動、購買店鋪內寶貝的新顧客是否增加等。

尋找關鍵字

關鍵字是買家在淘寶網中搜索時使用的一些詞語，賣家在進行該寶貝推廣的時候就要為該寶貝進行相應的關鍵字設置。當買家在淘寶網透過輸入設置的關鍵字進行商品搜索時，能夠讓該寶貝在第一時間出現在推廣中。

在直通車的寶貝關鍵字設置中，可設置兩百個以內的關鍵字，但賣家一般會選擇將寶貝相關的品牌、顏色、款式、型號、用途、產地、質地、功效、適用人群以及流行元素等不同角度的關鍵字提取出來，並將其與寶貝的中心關鍵字進行兩兩組合，才會盡可能地涵蓋此寶貝的有關詞。同時還要根據各種買家的搜索習慣進行組合。

用一句話總結便是：關鍵字是直通車推廣的核心。若不能合理地設置直通車寶貝關鍵字，買家將無法透過關鍵詞搜索到自己的寶貝。直通車寶貝的關鍵字尋找通常有以下幾種方式：

1. 直通車提供關鍵字

當買家付費充值成功後，便能夠透過直通車自動向買家提供選擇或者是搜索上的熱門關鍵字，而當買家選擇之後，藉由直通車而展現在買家眼前的商品會更加提前。圖 7-22 所示為直通車連結中的關鍵字展示。透過這種方式，賣家能夠有效地避免由系統總結提煉出的展現量最差的關鍵字，

相反可以吸收更多對關注量極高的關鍵字供賣家選擇。除了系統的自動搜索外，賣家還能透過在搜索框中輸入寶貝相關資訊詞來搜索更貼合寶貝銷售的關鍵字。

圖 7-22　直通車系統提供的關鍵字

2. 熱賣寶貝中的關鍵字

　　為直通車尋找對應的關鍵字，最便捷且效果最好的方式就是透過在淘寶系統中搜索熱賣寶貝，並從中提取相關的關鍵字。以這種方式尋找出來的關鍵字，從熱門的角度上來說是最能夠被買家搜索並關注到的。圖 7-23 所示就是利用對寶貝主要關鍵字「運動鞋」的搜索出現的熱賣鞋，賣家可以根據這些鞋的標題提煉，能有效放入直通車推薦的寶貝關鍵字，以取得更好的推廣效果。

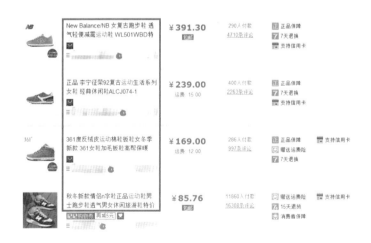

圖 7-23　熱賣寶貝中的關鍵字

3. 下拉關鍵字

在淘寶的搜索框內進行搜索，往往在完成關鍵字的輸入後，會在其下拉框內出現與輸入的關鍵字相關的另一些詞和字，這是系統自動歸納的具有較高搜索人氣的字詞。在選擇直通車寶貝中的關鍵字的時候，能以這樣的形式來確定搜索熱門的關鍵字作為寶貝的關鍵字。

4. 推薦關鍵字

細心的買家和賣家可以發現，當在網頁中進行搜索後，會在完成搜索的頁面上方提示「你是不是想找」的字樣，其後就是與搜索寶貝相關的其他寶貝標題，這些標題同樣是淘寶系統根據搜索該關鍵字自動歸納的其他相近寶貝的熱門搜索。針對這樣的情況，用直通車進行寶貝推廣的賣家同樣可以選擇熱門搜索寶貝中具體的關鍵字，有效地讓直通車的推廣展現在更多買家眼前。

5. 寶貝詳情頁中的關鍵字

在直通車中尋找關鍵字時，為了能夠使買家從標題名稱中更加直觀地觀察到寶貝的具體用法等重要屬性，可透過查看更多同類寶貝詳情中的屬性，並從中提煉出寶貝的關鍵字。圖 7-24 所示的寶貝屬性，從其服裝版型、風格、衣長、圖案、品牌等找到這件寶貝的一些關鍵字，如「修身」、「原創設計」、「中長款」、「純色」、「良衣尼朵」等，然後再根據這些關鍵字中的權重來進行排列和組合，打造成為一個屬於寶貝的專屬名稱。

圖 7-24　寶貝的屬性

6. 搜尋網頁面中出現的關鍵字

在尋找直通車中寶貝的關鍵字時，同樣可以利用系統在搜索完成後出現在頁面最上方的、能夠讓買家進行再次搜索的所有寶貝分類的關鍵字。由於它的出現是系統自動搜索生成的，因此藉由對它的篩選和利用，使其成為寶貝標題中所含有的關鍵字，一定程度上能夠使得買家在搜索時更容易出現在搜尋網頁面上，透過增加其曝光率來帶動點擊率的增長。

圖 7-25 所示就是藉由搜索關鍵字「琉璃珠」得到的其他搜索關鍵字，從中不僅可使賣家找到能和寶貝相搭配的字詞，也可以為賣家對寶貝的設計和製造提供一定的靈感，讓寶貝在同類商品中更加出色。

圖 7-25　搜尋頁面出現的關鍵字

投放策略

在淘寶寶貝搜尋網頁面上，藉著直通車展現的寶貝位置，通常是放置在頁面最下方的五個展示位和頁面右側的十五個展示位，分別如圖 7-26 和圖 7-27 所示。

因為不是每一位進行瀏覽的買家都能夠準確地查看到，所以在進行直通車投放的時候，也需要考慮並且設計一定的投放策略，來保證寶貝直通車得到一定收益。

圖 7-26　頁面下方的直通車展位

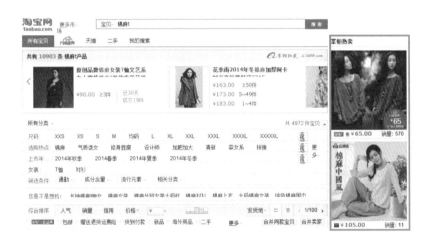

圖 7-27　頁面右側的直通車展位

　　直通車並不是只要開通就一定能夠得到流量和銷量的，同時也會遇到各種各樣的問題。例如，有流量但是沒有銷量；開通了直通車之後沒有得到明顯的流量和銷量；開通之後對寶貝的銷量達到一定的提升作用，但仍然沒有使店鋪達到投資回報較高的效果。針對這樣的直通車怪圈，眾賣家就需要合理地運用一些投放策略來規避這樣的事發生在自家寶貝上。

1. 流量至上的投放策略

對於付費的推廣工具來說，因為它存在著一定的投資風險，因此賣家在使用之前應當有推廣效果最壞的心理準備和應對方法，即以流量為推廣的主要目的，盡可能提升寶貝的曝光度，讓更多的買家知曉產品，以便從這些買家中得到一定的交易量。

此外，在直通車中選擇流量的賣家所經營的店鋪都是比較成熟或經營完善的店鋪，透過開通直通車，能夠從每日數據上追蹤店鋪和寶貝的回饋數據，進而轉變店鋪的銷售重點和對象，藉由流量的流入來支持所銷售的其他寶貝的高利潤經營模式，同時以流量作為店鋪的濾網，透過直通車寶貝名稱中較鮮明突出的關鍵字，淘汰一些對寶貝沒有興趣的買家。

2. 精打細算的投放策略

精打細算的直通車投放策略比較適用於初級直通車用戶，即保守投資法。它基本上滿足以下幾點要求。

(1)投放較為便宜的關鍵字，通常選擇每字一元以下的標準。

(2)在直通車寶貝關鍵字中選擇長尾詞，確保在一定的流量中取得較大的轉化機會。

(3)將直通車投放在競爭相對較於平緩的區域，避免將其投放在上海、北京、杭州等電子商務中心地區，選擇電商正在發展的二線等城市。

(4)合理地控制好投放資金，並根據每天由直通車帶來的具體收益回報來具體判斷是否加大投入資金。

3. 集中優勢資源的投放策略

一般來說，賣得好的商品會取得更好的銷售成績。因此選擇投放直通車寶貝時，要選擇競爭力中等或以上、利潤中等的寶貝，才能在競爭和收益方面更加穩健。通常來說，選用這樣的策略分為兩大階段：第一個階段為測試期，即多選擇寶貝，多選擇關鍵字，同時也要多選擇關鍵字競價位置，經過一段時間後及時觀察取得的效果，再擇優選擇；第二階段就是要力求從直通車對寶貝銷售的穩健作用中取得一定的銷量上升。

4. 以時間為主的投放原則

寶貝的系統排名會受到七天自動上下架的時間影響，直通車的推廣也會受到寶貝銷售生命週期的影響。一般來講，商品的銷售生命週期通常分為起步、熱銷、回落，針對這種週期規律，將投放的資金調整為小投入、增加投入、回籠投入。

第 8 章

打造爆款的第三週

在爆款打造的第三週，相對而言，爆款寶貝已經成功地立足於全網寶貝之上，並取得了一定的銷量和人氣了。這時，更須謹慎處理爆款寶貝，處理不當反而容易使寶貝的人氣與銷量下滑。為避免這種問題發生，賣家應該適時適當地調整對寶貝的操作，讓爆款寶貝在全網商品之戰中取得不敗地位，吸引更多有興趣的買家。

為了使爆款寶貝兼具熱銷和長銷的狀態，賣家應基於之前銷售所產生的數據，監測價格和自己的銷售手法，去調整商品的銷售重心，面對市場的變化，讓所打造出的爆款寶貝為店鋪帶來最持久的助力。

第三週的操作要點

在打造淘寶爆款的第三週，相信寶貝都已經真正躋身為爆款寶貝了，並且逐步從爆款的打造推廣時期變成維護爆款長久經營的時期。由於爆款寶貝的銷售數量相對於其他寶貝銷售的數量更加龐大，因而累積下來的各種數據對之前的總結以及後期的調整更具備有效的參考作用。此外，適當地將爆款營造成為其他寶貝的輔助，幫助這些寶貝進行銷售，為店鋪的經營帶來更好的幫助。

▌ 基於數據的深度優化

淘寶的數據是賣家掌控店鋪經營動態最直觀的參考指數。藉由一定的統計工作，賣家能夠快速而精準地發現在寶貝銷售時期所制定的政策和策略是否對銷售達到積極的影響和幫助，從而確定後期的調整和改變策略，並以此來進一步提高店鋪的銷量。關於店鋪和寶貝的數據統計有流量數據、銷售數據、裝修數據、來源數據、推廣數據、客戶數據以及排名數據等。

在爆款打造的第三週，對爆款寶貝數據的監管和查看是十分重要的步驟，賣家對其進行深度的優化，不僅會使打造的寶貝上升到淘寶銷售平臺的另一個高度，同時源源而來的是寶貝帶動店鋪更好的收益。而基於這些數據的優化，更是針對寶貝的最終銷量上為其做的完美優化。

1. 流量數據優化

流量對於淘寶經營來說是至關重要的組成部分。透過對流量數據的分析，能夠查看到寶貝銷售來源的區域性、來源、來自頁面等，從中規劃爆款寶貝更好的銷路。

流量數據，主要是對搜索進行探討，而對於搜索來說，最重要的就是爆款寶貝的關鍵詞選用。在搜索方面，賣家需要注意淘寶系統中的降權，這通常會高度影響寶貝的曝光度，同時也會對寶貝和店鋪引入的流量造成巨大損失，從而對整個店鋪的營運產生不小的影響。

若想看到店鋪中是否有寶貝被降權，有個很簡單的判斷方式，就是在

淘寶店鋪搜索中搜索自己的店名 id 名稱，並且從搜索出的頁面中查看系統顯示的寶貝總數量，如圖 8-1 所示，並查看是否符合店鋪內實際寶貝數量。藉著這樣的方式可以最大化地保障店鋪和寶貝的流量引入。

圖 8-1　店鋪 id 搜索

　　流量引入需要深度優化的是寶貝的關鍵字篩選。關鍵字這個要素會貫穿寶貝從被打造上市到成為店鋪銷量冠軍的每一個階段。因此，在爆款打造的第三週裡也需要不斷地深度優化。透過之前對爆款寶貝最基礎的屬性、作用等的提煉，讓寶貝完美地出現在眾多買家眼前，藉由關鍵字將寶貝立於淘寶商品中為首的位置，讓爆款為店鋪帶來最大效益。這一刻應該顛覆傳統，另闢蹊徑，讓爆款寶貝標題中的關鍵字在全網同類寶貝中煥然一新。時間、季節、地區、潮流等因素的不斷改變，一定程度上也會改變消費者的購物需求。

　　因此根據統計寶貝的流量數據變化適時合理地從淘寶平臺出發、從買家角度逆向思考，充分瞭解爆款寶貝的銷售本質。

　　這時需要不斷地縮小寶貝搜索的總數量，如搜索「羽絨服」，會有一千四百萬個相關寶貝，也就是說你的一件寶貝要和一千四百萬件寶貝競爭，並希望買家從中選擇你的寶貝來購買，姑且不算出現在搜尋網頁面的排名前後，就是將這麼多的寶貝全部出現在買家眼前，可能最終被選擇的機率也如彩票中大獎一樣渺茫。而透過深度優化寶貝的關鍵字，加上銷售羽絨服的特點，如「可脫袖羽絨服」，則被搜索出來的寶貝總共只有一百件，這樣一來，被買家查看到的機率就大了很多。

　　當然，合理的關鍵字設置能夠從流量方面為爆款寶貝帶來諸多好處，

而與關鍵字相配合的另外兩個關鍵
要素就是寶貝的「主題顯示」和
「價格設定」。淘寶網上售賣的寶
貝，其面向的物件可以是針對男
士、女士、老人和小孩，胖瘦、高
矮等不同的消費群體，因此，此階
段對所打造爆款的定位應該拿捏得
更加準確。

¥89.00 包郵 105人付款
胖妹妹加肥加大码女装胖mm
冬装2014韩版新款休闲显瘦长

¥118.00 175人付款
2014大码春秋冬新款复古收腰
显瘦泡泡长袖蓬蓬打底裙小黑

圖 8-2　同款寶貝不同主圖顯示

　　圖 8-2 所示是淘寶網中銷售的同款大碼連衣裙，兩家店鋪的搜索排名不
相上下，月銷售量也較為相近，但主圖中使用的模特兒一個是體型稍微豐
腴，另一個較瘦，可能對於一些體型同樣豐腴的買家來說，就更傾向於模
特兒效果類似體型的店鋪，因為買家能夠從店鋪所提供的主題以及上身效
果圖中看到寶貝更適合自己，這便為店鋪和寶貝引入了更多的流量和轉化
率。

　　流量數據觀測中的價格因素對爆款打造也有著較為深層的影響。對
於資歷較深的淘寶買家來說，經過長時間的購物，他們會發現在很多情況
下，同一件寶貝會在很多家不同的店鋪中銷售，而銷售的這些寶貝價格卻
並不相同，便宜的可能僅售幾十元，而價格貴的則可以達到上百或上千元。

　　面對這樣的情況，往往最吸引人的寶貝不是價格最低的，也不是價格最
高的，而是一些價格屬於中間值的寶貝。買家會選擇這樣價格的寶貝，因為
他們認為這些寶貝自身的品質高於價格低廉寶貝的品質；而之所以不選擇高
價的寶貝，也是因為淘寶自身為買家營造出的是「低價淘好貨」的購物理念，
於是，高價位的同款寶貝在一定程度上也不太適合在淘寶上進行經營和銷售。

　　因此，淘寶中多家店鋪在制定所銷售的爆款寶貝的價格時，應該以能
夠吸引買家點擊進入寶貝詳情頁面、為店鋪引入更多的流量數據來考量，
以流量的形式來累積更多的人氣和銷售量。

2. 銷售數據優化

　　爆款寶貝的銷售數據是決定淘寶賣家是否在銷售的下一個階段繼續對

該寶貝進行銷售的一個很重要的參考指標，同時也能從相關的銷售數據中進一步有效調整寶貝的銷售結構。對銷售數據的監控通常來源於專業的賣家版數據統計工具，例如量子恆道、數據魔方等，透過各種形式的統計來進行銷售數據等的查看。如圖 8-3 所示。

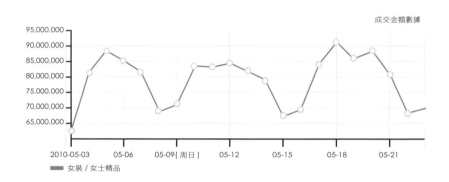

圖 8-3　銷量數據統計

想要打造一款高品質的爆款，往往能夠透過銷售的數據反映出當時的市場環境變化。例如節慶假日往往是銷售的旺季，在這個期間，店鋪所採取的優惠促銷活動可以大大增加爆款寶貝的銷售量。

賣家應從店鋪的銷售數據中洞察到市場的銷售動向，從而有效地對所售爆款寶貝的種類進行熱點監控、尋找廣闊的買家購買熱點等，及時有效地調整店鋪寶貝的結構以及庫存資訊等。對銷售數據的分析，能夠使店鋪的自主經營從人為主觀的、經驗等內部思考的原則轉變成為基於資訊統計、從客觀層面上適時地由外而內地自我分析，更加利於降低店鋪在入庫商品時的風險。

在淘寶中進行爆款的打造，可以藉由銷售數據對店鋪、寶貝進行即時優化，幫助店鋪建立起聯繫整個淘寶平臺建立起來的指標，幫助賣家有效地分析和觀察銷售背後蘊含的寶貝的資訊，讓整個經營更具行動導向性，及時地反映寶貝在銷售中的趨勢和變化，以及過程中的銷售異常，有效地建立起店鋪完善合理的銷售管理體系，從而使賣家更加清楚寶貝帶來的流

量、轉化率以及店鋪提供的客單價，有效地幫助提升爆款寶貝的銷售額。對銷售數據進行監控研究通常有以下三種方式。

(1)對比分析。

(2)平均分析。

(3)動態分析。

透過分析來優化自身經營狀態，並在結合市場變化中把握到更多的銷售機會，從而在銷售爆款寶貝的同時做到商品保證和客戶滿意的雙贏，不斷提升店鋪的經營價值。

3. 店鋪裝修設計優化

店鋪的裝修數據往往是賣家容易忽略的一個能夠幫助提升寶貝銷售量的因素。當賣家有效的利用店鋪裝修設計時，能夠達到和一些付費工具相同的提高銷量的優質效果。這一點就需要賣家做到以數據化為基準的店鋪裝修。

買家在瀏覽店鋪內的寶貝時，其平均訪問的時間可以直接反映出店鋪的裝修效果，如若訪問的時間過短，則很明顯地說明店鋪的裝修對於買家來說毫無吸引力。一般而言，寶貝詳情頁的正常跳失率約為 60%，即買家訪問店鋪的一個寶貝就關閉離開的訪問次數占該商品頁面總訪問次數的六成；如果跳失率高於 80%，一方面說明寶貝的描述較為失敗，另一方面也說明了店鋪的裝修沒有能夠完全抓住買家的心理需求以及購物體驗。

在這樣的情況下，對於店鋪數據化的裝修，賣家首先要將其分為兩個部分，一個是店鋪的首頁裝修，另一個是寶貝的詳情頁面裝修。其中店鋪的首頁裝修是爆款長線經營一個很好的維護方法。注重此頁面的細節處理，將店鋪區別於其他同款寶貝店鋪，透過這個頁面展現在買家面前，並能夠從首頁就達到買家的心理期望值。

圖 8-4 和圖 8-5 分別是兩家銷售藏南特產藥藤手鐲的賣家在首頁展示的商品。從圖中寶貝的拍照設計及其陳列等，會讓買家在比較之後選擇圖 8-5 所示的店鋪，同時店鋪中的寶貝能夠藉由店鋪首頁，抓住買家購物瀏覽的黃金三十秒。因此，店鋪裝修設計是抓住消費者目光的重要因素之一，能夠讓更多的買家對爆款寶貝以及其他寶貝產生感官上的強烈購買欲望。

圖 8-4　店鋪陳列一

圖 8-5　店鋪陳列二

4. 來源優化

　　當店鋪對數據來源進行統計和查看時，除了在店鋪以及寶貝中所形成的種種影響之外，更重要的是以數據的來源對銷售做相對性的調整，讓寶貝更加符合數據，從而提升更多的優質數據。數據來源一般會在寶貝標題中進行關鍵字方面的優化，同時淘寶 SEO 搜尋引擎上的優化也是從這些數據中透露給眾多賣家的，讓賣家在對來源的深度優化中把握好更為多樣化的客戶來源。圖 8-6 所示便是針對數據來源進一步完善的 SEO 優化三大目的，正是透過它將爆款的銷售打造得更為合理化和健康化。

　　在搜尋引擎上優化的第一步，就是要將能夠引來數據的選詞優化成具有更加清晰的指向性的選詞，而在爆款打造的第三週，為了使寶貝出現在淘寶網中更容易被買家看到的位置，可藉由更加專業的搜詞軟體來對字詞進行優化處理；同時以最能夠帶動銷售的人氣搜索模型確定為寶貝選擇的主要結構，儘量將其權重放在寶貝的月銷量、收藏量、轉化率上，同時肩負店鋪的 DSR 動態評分和寶貝價格。

　　深度優化的第二步，就是要透過數據來源的分析將店鋪內的寶貝進行

內部的競爭分類，將最具人氣以及最有性價比優勢的寶貝進行最高級別的處理，從需求、供應出發，讓更多的數據來源為爆款寶貝提供更多的全網競爭優勢。

　　深度優化的第三步，就是根據數據具體的來源統計後，重新確立和設定寶貝在淘寶網中的競爭詞，進一步選擇出具有高轉化率以及熱門的字詞，有重點、有針對性地吸引對應的買家。在進行第四步深度優化時，要在確認了店內爆款寶貝和其他寶貝的數據的具體來源之後，配合一定的再次推廣工具，形成絕殺淘寶網的戰略方案，讓寶貝的銷售隨著調整帶來更多的機會。

圖 8-6　SEO 優化目的

　　在對數據來源的分析進行搜索優化的同時，也需要做到以下的注意事項。

(1)要合理地對經營的店鋪和銷售的爆款寶貝進行定位。

(2)賣家需要適應淘寶系統平臺的變化調整，不斷調整數據來源的合理化分配。

(3)在注重爆款寶貝自身的同時，兼顧視覺行銷方式。

(4)深度地優化會增加店鋪的營運成本，因此在店鋪的選款、銷售上要形成精準化經營。

5. 推廣優化

　　推廣指的是店鋪利用寶貝名稱中的關鍵字藉由直通車或者淘寶客等付

費工具的推廣形式贏得更多人氣和銷量，這樣的推廣也會為店鋪的經營形成一定的數據基礎。對於賣家來說，想要讓店鋪和寶貝更加匹配地使用好這些推廣工具，也需要對產生的數據進行定期的分析。透過數據、以數據說話不僅能夠對照著參數進一步增強競爭力，同時也能在一定程度上減少推廣所產生的成本。在這個以數據說話的淘寶時代中，推廣需要做以下幾點深度優化。

(1)設定合理的推廣寶貝數量：因為運用了推廣工具，所以寶貝會有很多的數據回饋。為了使店鋪的賣家能夠從眾多的數據中抓取最關鍵的爆款寶貝相關數據，需要將店鋪內的寶貝分成兩大類，一類為主推寶貝，即爆款寶貝，另一類則為其他輔助寶貝。在分配的數量上，主推的約為總寶貝總數的三分之一最為合理，讓賣家集中火力提攜主推的爆款。

(2)選款的針對性：將所推廣的寶貝選擇出最具針對性的一款，可以有效地打造出店鋪中的爆款，也為店鋪經營的合理化推廣的深度優化奠定了重要基礎。

(3)推廣好寶貝：使用了推廣工具的賣家通常會發現，自身銷售成績不錯的寶貝在進行推廣的時候，往往比自身銷售量較低或者沒有銷量的寶貝取得更好的銷量。這也就是說明在數據回饋之後重新定義推廣寶貝的時候，不管是熱銷還是特價，賣家所需要面對的是淘寶絕大多數買家的眼光，因而要更加看中寶貝的銷售記錄、寶貝的買家評論。更多的買家往往會因為這兩大因素而光顧。

(4)合理利用資源：進行寶貝的推廣會給被推廣的寶貝帶來更多的流量等數據，相比之下，那些沒有被選為推廣寶貝的商品，在一定程度上不管是銷售量或者引入的流量方面都比較低下，因此便需要賣家對推廣的寶貝資源進行合理的利用。透過推廣的寶貝帶動其他寶貝的銷售，即合理地利用推廣寶貝詳情頁面中的空間，適當地放置一些店裡的其他寶貝或者連結來引起買家的注意並引導買家購買。

6. 客戶優化

爆款寶貝總是會針對不同地區的人群來進行銷售。圖 8-7 所示是某一件

熱銷寶貝在全國各地的分布進行的統計，從圖中我們可以清晰地觀察到，銷售量最多的地區為浙江、江蘇、北京、遼寧，其次是四川、廣東、山西、湖南、安徽、河南、山東等地區。對於這些客戶資源較為豐富的地區來說，爆款的打造更具地域優勢，因此從客戶資源優化上就可以為這些具有高客戶源的地區制定一些優惠活動，以此來吸引更多的買家，從而不斷提高寶貝的人氣以及交易量。

省份	銷量	省份	銷量
浙江	35	上海	11
江蘇	32	吉林	11
北京	26	陝西	10
遼寧	26	福建	10
四川	24	重慶	8
廣東	24	貴州	8
山西	21	天津	8
湖南	19	云南	7
安徽	19	廣西	6
河南	18	宁夏	5
山東	18	甘肅	4
新疆	16	海南	3
內蒙古	14	西藏	2
湖北	12	青海	2
江西	12	澳門	0
黑龍江	12	香港	0
河北	11	台灣	0

圖 8-7　全國銷售量區域統計

7. 排名優化

淘寶中的每一項數據都會顯示其存在的必要性，而針對的店鋪在同行中由對比產生的排名，在一定程度上也能幫助店鋪中爆款的穩定和維護。如圖 8-8 所示。

圖 8-8　店鋪排名

在店鋪的數據中，有一項與「同行之間的對比數據」對寶貝銷售有至關重要的影響，那就是。透過對比競爭對手的情況來對自身進行總結，將競爭對手的優勢轉化為自身寶貝的優勢，同時規避寶貝自身較弱的方面，從而使自己的店鋪在和同行的對比中取得更好的排名。

關聯銷售

淘寶關聯銷售就是淘寶賣家在店鋪中挑選一款較為熱賣的寶貝作為銷售主打款，並以這件寶貝為其他寶貝的銷售紐帶，藉由一定的帶動作用將這些寶貝與主推的熱銷寶貝共同出售給買家，這也是一種對店鋪和寶貝進行推廣深具效果的好方式。

透過關聯銷售，不僅能夠提高店鋪內其寶貝的流量，同時這一部分流量中的絕大部分都屬於「有效流量」，特別是針對店鋪中一些客單價比較高而點擊率較低的寶貝。賣家善加運用關聯銷售的經營模式，就能有效地控制進入店鋪中的每一個流量，同時也從更多的寶貝上抓取買家更多的消費欲望。另一方面，關聯銷售能夠合理而有效地增加其他主推寶貝的成交機會，同時也讓店鋪中絕大部分的寶貝擁有更多的機會展現在買家面前，以

便大大增加店鋪寶貝的成交量。圖 8-9 所示是整理歸納得出的透過關聯銷售為寶貝和店鋪帶來的有利點。

圖 8-9　關聯銷售

1. 寶貝的選擇

當賣家在選擇關聯銷售的寶貝時，一定要從消費者的購買意願出發，買家想要買什麼，在關聯銷售的時候就應該賣什麼。例如，明明是一家銷售女用外套的賣家，關聯銷售的寶貝選擇為飯盒，但選擇購買這類關聯銷售的寶貝的買家比起關聯銷售打底衫的機率會小得多。這就告訴了賣家，即便關聯銷售主要是銷售主推寶貝，但也不能夠忽略搭配寶貝的選擇。

圖 8-10 所示是淘寶中一家專門進行內衣銷售的店鋪在一款內衣的詳情頁面上搭配的內褲關聯銷售。這種商品的配套搭配不僅讓店鋪內所銷售的寶貝更加健全，更具吸引力，同時在一定程度上也滿足了一些有完美購物需求的買家購物，能夠在輕鬆的推廣之中為關聯的寶貝帶來更多的點擊率以及轉化率，也可以提升店鋪中的銷售額。

如圖 8-11 所示，該內褲的銷售記錄為 44 件，而它所對應的主推內衣的銷售記錄為 67 件，就是說每購買主推寶貝的 10 位買家中就會有 6 位選擇購買內褲。這說明選擇恰當的關聯商品的搭配銷售，也能對寶貝本身的銷售有很大推動作用。

配套内裤链接 [点击购买]

亲，此款为单件文胸，不含内裤，如需购买配套内裤需另外拍下哦。

圖 8-10　內褲關聯銷售

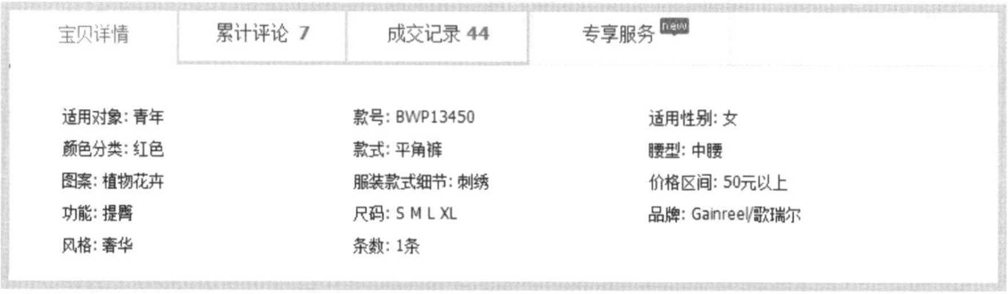

宝贝详情	累计评论 **7**	成交记录 **44**	专享服务 [专享]
适用对象: 青年	款号: BWP13450	适用性别: 女	
颜色分类: 红色	款式: 平角裤	腰型: 中腰	
图案: 植物花卉	服装款式细节: 刺绣	价格区间: 50元以上	
功能: 提臀	尺码: S M L XL	品牌: Gainreel/歌瑞尔	
风格: 奢华	条数: 1条		

圖 8-11　內褲關聯銷售記錄

　　對關聯銷售的寶貝有這樣的選擇方法：同類配同類。若以外套為主推寶貝，關聯搭配可以選擇內搭衣物或者褲、鞋等相關的寶貝；主推寶貝為數碼科技類，則關聯銷售的寶貝可以是衍生出來的附屬寶貝，如手機數碼等寶貝，可以關聯銷售外殼、塞子、觸控筆等；美容護膚、彩妝、食品等類目選擇關聯銷售可以推薦其他的主打寶貝，如彩妝中的睫毛膏，可以關聯銷售睫毛刷、眼線筆、眼影等。選擇好適合的與主推寶貝一起被買家接受的關聯寶貝，才能真正從寶貝的銷售上為店鋪帶來收益。

2. 關聯位置

　　做關聯銷售的賣家一定要清楚地認識到，關聯的寶貝是助推主推爆款寶貝更加順利地被更多查看和瀏覽的買家購買，提升店鋪的銷售額，提升店鋪各種寶貝的價值。賣家一定要將這些關聯銷售的寶貝放置在主推爆款詳情頁面的適當的位置，讓買家更容易清楚地查看到，同時也不會對爆款寶貝喧賓奪主。

一般而言，會選擇將關聯銷售的寶貝放置在詳情頁面較靠後的位置，緊跟在主推寶貝的細節介紹之後，讓買家既能夠清楚地瞭解到其最想要購買的主推爆款，也能夠發現除爆款外其他寶貝的存在及其優勢，同時還使買家透過關聯銷售的商品知道購買這件爆款寶貝後的使用方法。

3. 關聯銷售和促銷活動的相互促進

在爆款打造的第三週裡，無非就是讓爆款的銷售額能夠在穩定的發展中更上一層樓，為店鋪的經營和賣家的獲利帶來良性發展。將關聯銷售加上適當的店鋪促銷，能夠使更多買家以最短的思考時間來確定其消費意願，同時也能夠為店鋪贏得更多的口碑，為店鋪經營帶來更多好處。

圖 8-12 所示是一家銷售手機周邊產品的賣家將不同款式的寶貝進行關聯銷售，其模式是購買兩件時在第二件的價格上進行優惠，還有多買多送的促銷策略。兩種方式加起來，會讓買家認為買這件寶貝一件也是買，兩件還能夠有更多的優惠，也能拉低購買單件寶貝的差價，從價格方面得到實惠。這樣的方式對於促進爆款在第三週時迎合銷量的發展是極其有必要的，不僅可以促進銷售，還可以更多地吸引買家目光引入流量，那麼還愁轉化率嗎？

圖 8-12　關聯銷售配合促銷活動

價格策略

在淘寶的經營中，不管是不是爆款的打造，對店鋪來說最重要的當然是從淘寶市場中為店鋪獲得一定的獲利，以此對店鋪的維護以及寶貝的選擇提供更加強大的後臺支持。通常，買家想要在買賣中尋找到更多的差價，需要賣家在不斷迎合爆款打造的同時適度調整這些商品的價格。

在整個爆款打造的重要三週時間裡，賣家從寶貝中贏取利潤最少的時期是第一週，其重點主要放在全面進行網內網外的推廣。而在往後的時期，在賣家打造爆款時也提高店鋪知名度，贏得更多的寶貝效益。圖 8-13 所示的兩個好處就是透過對價格的策略進行改變而使店鋪獲得最直觀、有效的好處。

圖 8-13　價格策略帶來的好處

▌爆款的價格浮動經濟學

浮動價格一般是指基於一定的國家或行業規定的商品價格，企業或者賣家可以進行一定幅度的浮動調整，讓消費者更容易在商品銷售的這一段時期接受並購買。

在淘寶的系統平臺上，細心買家總會從寶貝詳情頁面的成交記錄中看到價格趨勢的走向圖，如圖 8-14 所示。透過價格的趨勢變化，買家可以清晰地觀察到賣家所制定的寶貝價格在其原價基礎上的上升或下降，從最直觀的角度得到寶貝在店鋪中的價格資訊，以便在購買的時候能夠更好地同賣家交流；同時，這種微調也在一定程度上反映了寶貝的價格穩定性。

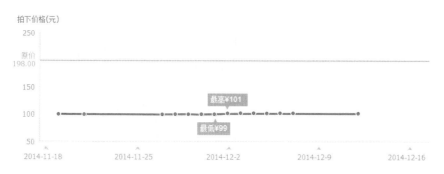

· 价格趋势图

拍下价格(元)

圖 8-14　價格趨勢圖

　　圖 8-15 所示的價格趨勢圖是一件月銷量 707 件的爆款羽絨服的價格變化。從圖中可以看到，寶貝起賣的價格比寶貝的原價更低，並且以低價銷售了近一個月的時間後逐步恢復了原價。賣家將價格圍繞原價先降後升，是希望藉由價格的優勢將買家吸引到店鋪中並對寶貝進行瀏覽和購買，增加店鋪的點擊率和寶貝的曝光率，形成爆款形成初期的流量和轉化率。

　　而當寶貝的月銷售量逐漸上百上千的時候，也是爆款已形成的階段，其自身被打造出知名度以及慢慢形成的人氣，在爆款打造的後期為寶貝和店鋪帶來更多的自然流量，並且形成一定數量的轉換率，此時的賣家重點不在於關心是否有人瀏覽或者購買，而是將重心偏向了寶貝的獲利性，因而在後期階段會逐步提高爆款寶貝的定價。

圖 8-15　爆款寶貝的價格趨勢

透過對以上價格的淺析不難看出，爆款的價格會在一段時間內進行上下浮動，根本的原因是供需關係發生了變化。在爆款打造的前期，由於較少買家瞭解這件爆款，只會帶來不夠大的需求量，因而價格便可以跟隨著需求適當地調低；而後期隨著推爆的深入帶來更多的買家需求，賣家為了供應更多的寶貝以滿足大於供給的需求，則可以適當地浮升價格，既獲得了收益，也滿足了消費者的需求。

此外，爆款的成功打造不僅為店鋪各寶貝自身帶來更多的人氣和流量，同時也提升了寶貝的價值。這正是在經濟學中價格圍繞價值上下波動而造成的爆款定價的上下浮動的原因，隨著爆款打造的深入，逐步展現的是爆款寶貝的價值，緊隨其後的便是以其價格的提高來增顯寶貝更多的價值。

下表顯示的是爆款寶貝價格浮動中所蘊含的經濟學規律。

1	適應市場供求關係。淘寶中往往有很多寶貝會隨著市場的變化而變得滯銷或者暢銷，因此以合理的價格浮動來迎合市場的變化，便能夠保證市場與寶貝的供求平衡
2	讓賣家掌握到店鋪經營的主動權。合理的價格浮動永遠是圍繞著正常化價格之上的變化。因此，每一次對寶貝價格的浮動都能夠使賣家做到進退有據，掌握經營中的主動權，從而有效地保證賣家在淘寶激烈的市場競爭中的優勢地位
3	利於寶貝的銷售。寶貝價格的上下調整一般是為了滿足市場的需求。通常來說，當價格上升時，需求便會下降，相反，價格降低，需求便會上升；但有時卻是價格和需求呈現正增長的關係。因此合理地調整寶貝的價格，能夠有效地抓到市場的銷售點，從而利於寶貝的銷售
4	反映商品價值。商品的價格和價值總是一對能夠對寶貝進行相關闡述的商品屬性，並且商品的價格是以商品價值為基礎的，能夠反映商品的價值。銷售中最常見的二者關係變為商品的價值越高，其價格也就越高，而這也是人們常說的「一分錢一分貨」了

▌調價策略

價格在銷售中是一個被反覆強調的重要因素，它能夠直接對消費者

的購買欲望形成極大影響。而在淘寶這個開放式的經營平臺中，寶貝的價格往往會受到多種影響，包括寶貝在近期是否流行、其使用是否適合季節性、全網是否有很多銷售同款或類似寶貝的競爭對手等，這些因素往往都會為賣家在設定這件寶貝的價格時造成一定的影響。

一成不變的價格雖然能夠更加完美地體現該寶貝在店鋪或者全網中擁有一個較為穩定的狀態，讓一些買家會因價格穩定而對寶貝的品質等商品因素更加放心地進行消費。

但在這個競爭激烈的市場作為銷售的前提下，除非店鋪自身貨源供給良好，能有一個極具競爭力的寶貝價格作支撐，否則，不進行適度調價的價格會成為爆款打造和維護一個致命的打擊。因此，在爆款打造的第三週裡，根據供需和市場環境等影響，適度調整寶貝的價格，讓價格形成爆款寶貝最堅實的銷量的保護傘。

價格的調整，並非賣家盲目跟風進行隨意的調價，而應該以一定的策略來進行。

1. 降價策略

商品的降價是買家在購買一件寶貝時最樂見的，特別是對於較為流行、十分願意購買的爆款寶貝。但即使對自己經營的寶貝降價，也不是賣家能夠隨心所欲的。賣家不能在買家面前過於明顯地降低價格，否則會引起買家質疑：為何賣家要降價處理？這件寶貝的實際價格和賣家定價之間是否存在著十分巨大的差異，賣家才會對寶貝進行降價？這件寶貝背後是否還會有更好的寶貝在短期內將要銷售？這件寶貝是否存在著某種自身的缺陷等？買家會對這件寶貝表現出一種觀望的消費心理，一定程度上將白白流失很多潛在客戶和流量，與賣家降價希望推動其銷售量增長的願望背道而馳了。

為避免這種情況，賣家要利用巧妙的降價方式以及合理的幅度，盡量透過一步到位的降價路線來規避買家的質疑，從而藉由寶貝較低的價格來吸引更多的買家購買，進一步維護爆款的長線經營。

(1)折扣

　　折扣是寶貝降價的方式之一。透過這種形式在爆款寶貝相對較為優惠的價格的基礎上降價，既不會讓買家對寶貝產生懷疑的心態，也能夠從「買便宜」的消費心理上促進買家對降價的爆款寶貝的購買。

　　圖 8-16 所示是一家店鋪對其銷售的所有寶貝限時三天的折扣活動，讓全場的寶貝在三天內進行實質上的降價處理。店鋪中制定的此項活動往往能增強一些買家對某一件寶貝可買可不買時的購買欲望，讓寶貝更容易被銷售出去，讓賣家在損失不大的狀態下，反而因折扣而收到更多好處。

圖 8-16　店鋪折扣廣告

(2)優惠券

　　優惠券的使用會讓買家在挑選完需要的寶貝之後，結帳時自動抵用相應的金額，這也相當於為寶貝進行降價處理。紅包的設置和使用會使得價格降低，能夠滿足絕大部分買家希望享有店鋪優惠的購物心理，也可以減少因一些買家降價或是包郵的要求被賣家拒絕而損失的訂單。

　　圖 8-17 所示是一位賣家在店鋪中制定的店鋪紅包五元優惠券。只要買家在紅包規定的有效期以及對應使用的商品中進行消費，就能在結算下來的總體金額中得到五元的優惠。即使這個紅包相對總金額的優惠不算很

高，也能夠有效地堅定買家購物的信心，買家也不會因此對寶貝或者店鋪
產生懷疑。

圖 8-17　店鋪紅包

(3)好評返現

在淘寶的降價策略中，愈來愈多的賣家會選擇以好評返現的形式。透
過降價，既滿足了買家在價格上的期望，同時也使賣家得到了更多五星好
評，這對於店鋪的 DSR 動態評分以及寶貝的評價都有很好的促進作用，讓
後面的買家參考過店鋪的數據和其他買家真實的好評，更積極地購買。

圖 8-18 所示是淘寶中常見的好評返現提示卡。這種形式的降價是在買
家確認收貨將好評的截圖發送給店鋪，確認之後才會成功返還現金，賣家
通常是在包裹中放置一張好評返現卡來提醒買家。好評返現的金額一般設
定為三元、五元或者是十元的整數金額，並且以支付寶的形式付給買家。

圖 8-18　店鋪好評返現

(4)買贈

買贈活動其實也是一種變相的降價政策,不過是讓買家以相同的價格購買到更多的寶貝。這樣的方式通常更適用於年輕女孩或者是較為可愛的寶貝。圖 8-19 所示是一家專門銷售拍立得的店鋪在臨近耶誕節時設定的買贈「大禮包」活動,會讓更多在這個時間段需要購買拍立得的買家更傾向於在此購買。同時,贈品的贈送也在一定程度上讓賣家合理地說服一些希望在價格上或者運費上進行討價還價的買家,用贈品的折算金額還能夠讓賣家自身在增加寶貝賣點的同時,既節約店鋪和寶貝的營運成本,也擴大了爆款寶貝的利潤空間。

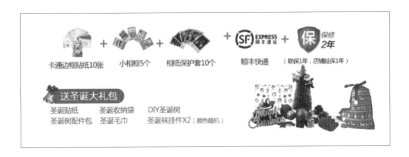

圖 8-19　店鋪買贈禮物

(5)新品上市

為了讓爆款寶貝在價格上更具優勢,也為了減輕已經買過該寶貝的回頭客以及正在觀望之中的新買家對店鋪較大規模或較大幅度的降價的疑惑,可利用新品替代舊品的方式讓店鋪中的爆款寶貝「名正言順」地降價。

圖 8-20 所示為一家店鋪為總銷售量上萬件的棉衣進行超低降價,並在寶貝詳情頁面上方較為顯眼的位置進行的降價說明。

全新上市的寶貝不僅在選擇的面料以及相應的做工上更勝舊款一籌,同時也透過新品上市時期降低寶貝的價格來吸引更多買家的關注和購買,讓買家從價格和寶貝自身充滿著比老款更加強烈的購買意願。同時無論賣

家所說的新舊款是否舒適，都能完全打消買家對價格的疑慮，從而放心大膽地購買。

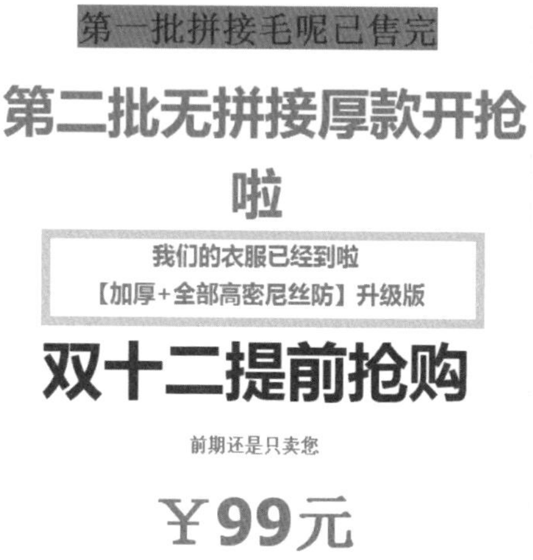

第一批拼接毛呢已售完

第二批无拼接厚款开抢啦

我们的衣服已经到啦
【加厚+全部高密尼丝防】升级版

双十二提前抢购

前期还是只卖您

￥99元

圖 8-20　新品上市降價

2. 提價策略

　　在爆款寶貝或其他寶貝的銷售過程中，絕大多數買家樂見寶貝降價，但相反的，消費者對寶貝的漲價卻十分敏感，甚至會產生對寶貝購買的抵觸心理，這就是賣家要解決的問題。

　　在接下來提高價格的過程中，消費者往往也會因為寶貝價格的提高在購買欲望上產生一定的影響，因而降低寶貝在一段時間內的交易量，讓寶貝的整個交易市場進入冬眠期，此時只有等到消費者的心理逐漸接受適應寶貝的價格，才能漸漸復甦。根據這樣的情況，當遇到價格提升對銷售帶來的「瓶頸」時，要求店鋪的賣家採取一定的策略，以消除買家因價格主導了購物心理，而對寶貝銷售造成的不良影響。

(1)說明原因而提價

對所銷售的寶貝提價,其實是很多賣家不願意採取的價格浮動方式,但卻因貨源成本、市場環境影響、店鋪營運成本、物價上漲等多方面原因不得不對寶貝進行提價。一般而言,因不可抗拒因素造成的價格提升通常幅度不會太大,也能控制在買家能夠接受的範圍內,因這樣的情況造成的寶貝價格上揚,往往能夠被買家接受。

圖 8-21 所示為一位賣家對銷售價格上漲的珠串手鏈在詳情頁面上的解釋,讓買家清楚地知道珠串是因為進貨原料的上漲而無法避免地需要漲價。這樣具體說明,讓更多瀏覽詳情頁面的買家當下能一目了然地清楚漲價原因,合情理的解釋也能夠讓更多想要購買該寶貝的買家欣然接受,而不會因為突然的漲價讓買家認為賣家和店鋪不專業、隨心所欲地漲價而影響網購的心情。

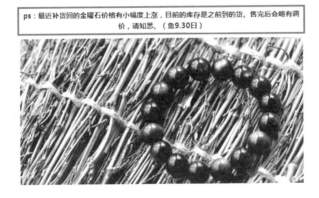

圖 8-21 寶貝提價說明

(2)選擇時機而提價

因時機變化而導致價格上浮,普遍存在於網路銷售與現實生活中,例如原油銷售,很大程度上取決於產油國國情是否穩定。當局勢穩定,原油價格也相對較為穩定,有時還會有一定的降價幅度,但當國情較為動盪

時，國際油價便會出現上漲的趨勢。

　　這樣的價格上漲情況在淘寶中也經常出現。如果賣家準確地把握住了寶貝的銷售時機，並在這個銷售火爆的時期適當提升價格，反而會激發買家更為強烈的購買欲望，從而增加寶貝的銷售量。這類的時機通常包含應季的適度漲價、廣受買家喜愛的寶貝首次上市的適度漲價、孤品絕版的適度漲價、供不應求的適度漲價、獨家訂製的適當漲價等。

　　圖 8-22 所示的是兩家銷售毛呢大衣的店鋪所銷售寶貝，一家為市場款，另一家則為訂製款。比較之下，兩件寶貝之間的價格差比達到了 70%，但二者之間的交易量對比上卻沒有太大的差異，訂製款稍高的價格也沒有對買家對這件外套的購買欲望造成實質性的影響，反而會有一定數量的成交量流入以及高達 4.9 分的天貓寶貝評分。

圖 8-22　不同出處寶貝價格對比

(3)減少數量的變相提價

　　減少數量而形成的變相提價法更加適合散裝的、以所購寶貝具體的數量作為價格衡量標準的寶貝。這些寶貝包括散裝糖果類、散裝堅果類等。這樣的寶貝價格提升不會對買家造成直觀的消費影響，因此多為零售散裝寶貝的賣家在提價時的選擇。

　　圖 8-23 所示為兩家分別出售相同克數的堅果，但對寶貝制定的價格

相差近十元。以堅果數量作為銷售價格的指標來計算，第一家店鋪中，該堅果的單價比第二家的堅果單價略高，然而卻沒有對銷售額造成影響，相反，其月銷量比第二家的銷量還要高出一倍多，這便是以寶貝數量為基準的定價提高的好處。

圖 8-23　以寶貝克數為基礎的不同寶貝定價

3. 差別定價策略

　　爆款的價格調整除了以上兩點之外，還有相對較為個性化的爆款調價法，就是差別定價策略。差別定價策略就是根據不同的顧客、消費的時間、產品銷售差異等原因來制定具有針對性的定價。這樣的高針對性定價方式，通常只是對個別的買家進行價格上的調整，例如一些被設定了的店鋪 VIP 價格等。這樣的調價政策往往存在著消費者群體的定向性，同時也不會在淘寶的交易系統中被其他買家查看到。

　　圖 8-24 所示是一家店鋪為已經在店鋪中消費過的買家制定的會員定價，這樣的會員折扣會隨著在店鋪中的消費金額增高而升級，讓買家能夠在以後的同類目寶貝的購買中選擇這一家店鋪。賣家也因為這樣巧妙的差別定價方式留住並維護了更多的回頭客與忠實客戶。

价格　　¥ 300.00

促销　　**¥294.00** 普通会员

圖 8-24　寶貝差別定價法

4. 心理調價策略

華人買家都喜歡選擇較為吉利的商品價格進行購買，而心理調價策略也正是基於這一點。例如在傳統的節日期間，將原本定價為七元的紙燈籠提價為八元，消費者往往樂於接受在節日中討一些喜氣和吉利。

此外，消費者在購物的時候，特別是在網上進行的消費，會抱著一種整數定價的偏好，認為在付款的時候能有一種「零存整取」的方便感等。因此，賣家不斷地適應買家的消費心理，適當地調整寶貝的價格，使買家更容易接受。

第 9 章

爆款生命週期分析和維護

淘寶中所銷售的寶貝有一定的生命期，打造出來的「爆款寶貝」同樣也具有生命週期。每一位賣家在打造淘寶爆款的整個過程中，最主要的目的就是在爆款生命力最旺盛的期間，不斷地吸入店鋪和寶貝的流量，去得到寶貝的轉化率，讓店鋪的利潤增長並達到交易的新高。

當然，並非每一件爆款寶貝都能夠被成功打造出來，也有許多失敗的爆款，因此賣家在吸收成功因素的同時，也應該參考那些夭折爆款中的不足之處，去豐富自己打造出來的爆款商品。

爆款維護

賣家動用大量的財力、人力，使出渾身解數打造出來的爆款不是在其打造完成之後就不管不顧，以為爆款寶貝在淘寶中會繼續為店鋪帶來較高轉化率和銷售量，這樣往往不會達到賣家所期望的爆款回饋值。適當地對爆款進行維護，才能讓爆款在整個淘寶同類商品中取得一個歷久不衰的銷量及領先的人氣。

爆款在打造成功之後的維護主要有三個方面，即價格的維護、買家感知的服務維護以及寶貝自身的維護。因為爆款打造成功之後，會受到買家的關注，同樣也會受到銷售相關類目寶貝的賣家的關注，這個時期會產生數量更多且競爭力更強的競爭寶貝和店鋪，而買家此時往往也會主觀地貨比三家。因此，要想讓所打造的爆款在這個高手夾擊的險惡環境下繼續保持爆款的高人氣、高銷量狀態，成熟時期保持得更加長久，那麼這三大保證的維護是必不可少的了。

1. 價格

價格是買家在購物時最看重的一個因素，針對這樣的條件，為了讓爆款寶貝更受歡迎，也更賣得動，很多賣家會選擇在此時進行價格戰來擊敗其他店鋪中銷售的相似類目寶貝。殊不知，正是因為盲目地進行價格上的競爭，雖然贏得了一定的淘寶市場和買家群體，卻在無形之中丟掉了爆款寶貝的價值。

這一時期是爆款寶貝打造的成熟時期，透過前期破零的衝刺等已經將寶貝從人氣和銷量上獲得了一個較為穩定的數值，更有甚者會藉由爆款寶貝的相關參數成為這類寶貝的參考數值，被眾多買家廣泛接受，也被廣大同行相對認可。因此在這個時期，賣家應儘量避免出現價格上的再次競爭，相反，即便淘寶中的其他賣家在以價格競爭吸引更多人氣的時候，也應該穩穩地保證自家寶貝在價格上的穩定。

圖 9-1 所示是一件成交記錄達 2400 筆的爆款寶貝的價格趨勢走向圖。從圖中可以清楚地看到，這件寶貝的價格為 260 元，這樣的價格在淘寶同類

爆款中不算便宜，甚至在整個淘寶的同類寶貝中都不算便宜，但它同樣擁有爆款寶貝所擁有的人氣和銷量，讓買家即便需要在這件寶貝上花費這樣的價格，也能從這樣起伏變動不大中瞭解寶貝的穩定性，同時也從這樣穩定的價格上體現出店鋪的穩定經營方針，為買家帶來更多的購物保障。此外，寶貝的價格也會即時地反映在淘寶寶貝詳情頁面中，讓買家們能夠一目了然地看到寶貝的價格變動。

特別是賣家在直接對寶貝進行調價時，寶貝以變化之前的價格成交的交易量就會隨著價格的變動而清零，這會讓買家對店鋪和寶貝的經營存在一定的顧慮和考量，特別是對爆款這類寶貝有著上千甚至是上萬的評價，而其旁邊的交易量遠遠沒有達到這個數字。因此，維護一個穩定的寶貝價格，不僅是對寶貝價值的一種維護，同樣是對買家的一種責任。

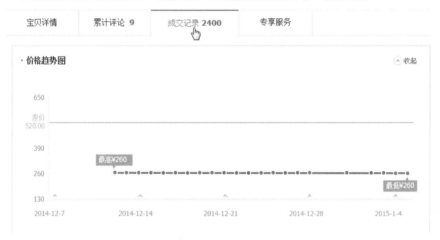

圖 9-1　穩定的價格趨勢

2. 服務

在淘寶的交易中，將買家和賣家聯繫起來的是以鍵盤語言為交流的旺旺模式，其中賣家為消費者帶來的是寶貝的解釋或者相關的服務，它們都是以文字形式呈現的。因此，對於每一位淘寶賣家而言，將自身的服務適當地提升，從而讓買家在購物時擁有更加強烈的感知度，不僅可以讓買家擁有更好、更滿意的購物體驗，同時在售後讓買家擁有更加強烈的歸屬感，從而讓

新買家成為老買家，老買家帶來更多的新買家，這便是服務的魅力。

在爆款寶貝中，以服務為入手點，會達到事半功倍的良好效果。對於爆款寶貝，賣家們往往更加關注寶貝的人氣和銷量，並認為將其成功地銷售出去同時得到五星的滿分好評，那這一單的爆款寶貝交易就完成了，卻忽略了從服務方面對爆款寶貝進行相關維護。以服務來維護爆款其實十分簡單，旺旺消息的相應時效性好、即時地對買家進行適當的關懷、隨寶貝為買家寄去一份小小的禮物、定時對老賣家消費的優惠折扣等，都能夠以最簡單的方式讓買家感受到店鋪對自己的關懷和維護。

圖 9-2 所示為賣家透過文字的形式展現在寶貝詳情頁面中的為維護爆款寶貝銷售後的相關服務保證。在文字中，賣家首先對寶貝的用料以及品質作出保證，讓買家購買得更加放心。同時也作出了寶貝銷售後的售後保障：當買家在收到寶貝後有任何的不滿意都可以退換。雖然只是十多個字的文字闡述，卻讓買家們感受到了來自店鋪的有效服務，讓買家加速購買的同時也有效維護了寶貝的銷量。

倘若將這些文字的保障從詳情頁中刪除，或許對寶貝本身的銷量並沒有多大的損失，但它讓顧客在瀏覽的時候沒有瞭解到店鋪對交易完成之後的保障，賣家少了一份寶貝銷售時的責任感，更是少了一種服務的態度，在一定程度上影響買家對其的觀感。透過服務來維護爆款寶貝是任何一位賣家都能夠輕而易舉做到的方式，但收穫到的往往是高於付出。

圖 9-2　賣家服務

3. 產品

以產品自身來對爆款寶貝進行維護是最有效的方式了。提及爆款，首先讓我們想到的就是便宜、划算，同時出現更多的則是性價比不高、不實用、容易壞等買家不願看見的評價。

賣家對於爆款寶貝經常考慮的是價格，並且愈低愈好，往往忽略了寶貝的實用價值，造成買家拿到的寶貝達不到期望值，甚至不符合寶貝詳情頁面介紹的情況等，就會造成在一件銷量上萬的寶貝評價中有大量的中、差評存在。或許某一些只為獲利而打造爆款的賣家並不在意，認為那麼大的銷量總會有一些愛挑剔的買家覺得不好，但對於想要將爆款更加長線經營下去，並且藉由它進一步將店鋪經營得更加完美的賣家來說，這樣的形式是不可取的。

在淘寶的爆款市場中產品質量問題不只會出現在店鋪 DSR 評分較低的店鋪中，同樣也會出現在優質營運的店鋪中，並且在寶貝的銷售記錄中也保持著較高品質的好評。可見自身的嚴格要求也可以將爆款寶貝打造得物美價廉。這樣的爆款和打造便為爆款贏得了最純粹的維護，也讓店鋪透過爆款營運得更加良好，讓更多的買家能夠源源不斷地進店進行購物和消費。

▌根據市場趨勢調整爆款策略

市場是檢驗寶貝到底能否賣得出，或者能否最終打造成為贏得廣泛好評的一把利器。要想將店鋪經營得好，不僅要從寶貝的各種優化著手，更重要的是迎合市場的發展趨勢，並以此為銷售的有效參考做出即時的調整，這不僅對打造的爆款寶貝在前期時能夠順利地將市場打開，同時在爆款寶貝的後期維護上也能夠發揮一個很好的作用，使寶貝在和市場趨勢保持相同的狀態下，能夠在其成熟的時期之內同樣保持穩定的正增長狀態。

市場的變化發展中，包括買家的消費觀點和模式的變化、市場中寶貝所占比產生的變化以及市場中寶貝份額的變化等，這些都能夠對寶貝的銷售量等產生十分明顯的影響，而這樣的影響也一般是由我國的網路和電商的演變而必然發生的。在互聯網發速發展的前提下，電商行業以及相關的經營總體趨勢是朝著一個良好的方向發展，同時人均收入的提高也會促進消費水

準的增長，再加上更多 80 後、90 後對網上消費的熱衷，這個時候是藉由網路、淘寶進行寶貝銷售的絕佳時機，同時也是爆款寶貝打造的好時機。

以市場趨勢作為爆款維護中的策略，是以最具時間效應的因素作為最關鍵的策略指標的。由於市場會隨著很多大小的因素產生很大的變化，因此，賣家們在以此為依據來制定維護策略時，切忌片面，應從宏觀的角度出發。

1. 市場熱點和流行趨勢

在市場中銷售的寶貝總是會透過時間的改變而讓買家產生不同的消費點，賣家對爆款的維護，也應從市場熱點以及流行趨勢的變化上做進一步的改變。對於消費者來說，自己想要購買的寶貝，往往是因為自身存在的購物想法和欲望，但會受到很多其他購買因素的干擾，而市場熱點和流行趨勢就是一個很重要的影響因素。

賣家不懈努力的經營才得到爆款寶貝，對它的維護不僅是賣家的一種經營態度，更重要的是進一步完善爆款的經營並從中對店鋪以及寶貝擁有更多的主動掌握權。爆款從最初的打造開始就是朝著市場的熱點和流行趨勢出發的，並以此形成淘寶市場中的銷售旋風，將數量龐大的人流量和銷售量捲入其中。但當強烈的銷售旋風達到一個極值的時候，往往會逐步地衰退下去，而購買熱度也會相應隨之降低，寶貝的銷售熱度也隨之降低。而這時，淘寶市場中又會出現許多能夠從使用價值或者價格上都代替爆款寶貝的其他寶貝。

為了將爆款寶貝在後期的銷售以及人氣維持得更好，就要改變自身爆款寶貝的特點，並使其更加迎合市場熱點和流行趨勢，讓第一輪老買家產生再次購買的想法，讓未曾購買過的買家因為流行、因為趨勢而產生購買的想法。市場的熱點和流行的趨勢是不停地變化的，而且在很多情況下，這種變化速度都是迅雷不及掩耳的，這讓買家能夠以最快的時間嘗試到最新鮮的寶貝，卻往往讓賣家在進行寶貝的維護和革新的時候措手不及。

面對這種變化，應及時把握在此大前提下的兩種維護方式：一種是隨機應變，藉由賣家敏銳的市場洞察力將爆款不斷地以市場變化為改進發展

指標，進行創新性質的維護；另一種是當寶貝成功打造上市並被廣泛的買家熟知時，讓寶貝以更加經典的模式發展，使之成為市場中的經典流行來進行維護。

(1)順勢而為

傳統的以市場趨勢為指標的爆款寶貝維護，是許多經營價格不是很高、主要針對的消費者為年輕買家的賣家所選擇的方式。對於這樣的寶貝來說，無論從設計週期、打造週期還是被更廣泛買家所接受的週期上來說都相對較短，從操作的角度上也更容易讓賣家採用這樣的爆款維護方式。

通常來說，這樣的寶貝包含流行的時裝服飾、更新換代極快的流行數碼配件、迎合更多買家使用的護膚保養品等。對於這些寶貝，一般可以透過如下的爆款維護策略在其銷售的中後期不讓人氣流失，並能夠合理地保證銷量。如圖 9-3 所示，是一款總交易量累計上萬件的爆款手機殼的詳情頁面的購買介紹以及相關情況。從圖中可以清楚地觀察到寶貝的分類為 iPhone4/4s、5/5s、6/6plus，囊括了 iPhone 手機市場上正在被使用的所有型號。

對一些使用 iPhone 手機並且經常在淘寶上購買手機殼的買家來說，這一款是從手機型號 5/5s 開始生產銷售並成為爆款的，但在新一代的 6/6plus 上市之後，能夠與新一代手機完美搭配和使用的對應手機殼，也被賣家們生產出來並進行銷售了。首先，這說明該件寶貝是緊隨著市場的趨勢和流行的熱潮改變的，在能夠滿足果粉買家對手機殼的進一步需求時，努力地維護了寶貝之前就打下來的銷量和人氣，不僅讓使用 5/5s 型號手機的人能夠買到這件寶貝，同時也讓使用了最新手機的買家能夠買到。

除了全新型號的手機殼被賣家進行了銷售之外，我們也可以看到寶貝的分類中同樣也存在著最早讓手機用戶感受到其魅力所在的 4/4s 型號的手機殼在出售。的確，在現在的手機市場中，每一個型號的 iPhone 手機都有著一定的使用人群，當這種型號還沒有被製造商淘汰的時候，也一定會有相應的銷量和用戶。賣家在銷售最新款手機殼的同時不忘銷售舊款型號的手機殼，也是從另一種角度以市場的發展趨勢為基點，保證了寶貝的流量和銷量，更是對辛苦打造出的爆款的一種有效維護。當新一代手機上市的

時候，只要還有買家喜歡老手機的形狀、顏色、圖案、厚度的手機殼，賣家也會將新的型號按老型號手機殼的模型進行打造和銷售，這就是對爆款手機殼的一切進行維護，從銷量帶動銷量、以人氣帶動人氣。

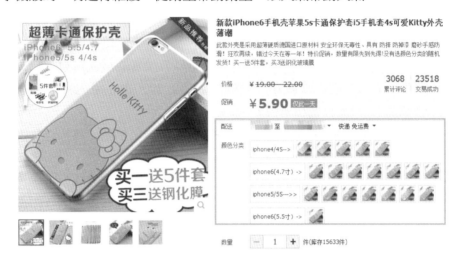

圖 9-3　爆款手機殼銷售情況

(2)以中性化為發展目標

　　即時緊抓市場的熱點以及潮流的趨勢，在一定程度上能夠滿足大多買家的購物需求，讓買家所買到和使用的寶貝更潮。但同時也要求賣家能夠具有更敏銳的市場洞察力，這一點往往不是每一位打造爆款的賣家都能夠具備的。因此，從這一點來維護爆款有一定困難的賣家可以藉由與其道反而為之的運作進行中後期的市場維護。

　　使爆款寶貝從市場的發展趨勢和熱點回歸到更加中性化。換句話說，是讓爆款寶貝無論從外貌形狀、使用特點都能夠更加經典，透過這種寶貝演變的經典，讓購買寶貝的買家從爆款打造之初的獵奇心態轉為「收藏心態」，這樣也就能讓賣家對爆款寶貝的中後期階段有著進一步的維護和保障。

　　圖 9-4 所示為一款擁有累計交易量達到 4 位數的爆款圍巾的詳情頁面的購買介紹及相關情況。從圖中的圍巾具體款式和賣家分類可以看出，這

條圍巾屬於較為大方和經典的，同時與某國際品牌也十分相似。這便是賣家藉由合情合理的爆款打造，讓寶貝自身朝著不會輕易過時的經典方向發展，贏得的人氣、流量和銷量等會隨著銷售的增加而上升，同時也有效規避了流行趨勢變化萬千給圍巾產業帶來的巨大衝擊力，讓自身所銷售的寶貝可以直接跳過這個對銷量有著極大影響的市場影響環節，讓寶貝的經營更加順利。聰明並且會省事的賣家為了讓所打造出來的爆款寶貝能夠更不被流行元素干擾，通常都會在寶貝的相關設計和元素上融入更多經典內涵，更加穩固寶貝的經營和銷售。

在對爆款寶貝進行維護的時候，當需要依據市場熱點和流行趨勢進行銷售策略上的改變時，就可以以這樣的方式進行改良。將寶貝的圖案和顏色設置得更加單一，將寶貝的使用升級得更具有針對性，同時也將寶貝的價格保證得更加穩定等。從長久的眼光來看，寶貝或許不會在淘寶市場中更加流行，得到更多新銳買家的關注，但另一個方面，寶貝純粹的賣點卻總經得起時間考驗，總會受到各個不同年齡層買家的青睞和購買，不會在淘寶這個競爭激烈的市場中過時，透過這樣的策略來調整寶貝，更能讓該款寶貝長久地經營下去。

圖 9-4　爆款圍巾銷售情況

以上兩種維護方式可以說是各有千秋，在各個不同發展類型和所含屬性的寶貝中有著不一樣效果的針對性，而在賣家們具體進行操作的時候，一定要從寶貝自身出發，選擇最適合寶貝在此階段的維護方式，讓寶貝的爆款經營更加長久地發展下去。

2. 市場時機

俗話說「來得早不如來得巧」。對於爆款寶貝在中後期的維護同樣很有作用，這樣的維護方式也被很多有「心機」的賣家所選擇。在淘寶中進行不同類目的寶貝搜索，我們可以觀察到有很多銷售量以及人氣較高的爆款寶貝標題中的關鍵字或者詳情頁面中都會出現較熱議的事物，特別是具有爆炸性的新聞、收視率很高的影視電影熱播或者是當紅名人的相關服飾搭配等，都能夠讓其中所包含著的寶貝在淘寶的銷售中再火熱起來。

這就是所謂的市場時機，它不僅能夠讓寶貝從搜索量上比一般的寶貝更具搜索的權重指數，而且對於爆款的維護而言更能達到銷售的第二次高峰。因此，想從這一方面入手，賣家首先要從有轟動力的新聞或熱播影視中找到淘寶銷售市場中完美的噱頭，同時結合這些，將所打造的爆款寶貝中的任何相似或者相同的特點找出來，藉由寶貝標題中的關鍵字或者詳情頁中的重點宣傳，來達到爆款寶貝中後期維護，而且也能夠在穩定寶貝的銷量和人氣的基礎上再一次提升寶貝的相關數據，讓爆款歷久彌新。

圖 9-5 所示是「同款寶貝」，這在淘寶中是具有極高銷售額爆款寶貝的宣傳噱頭。圖中不僅有明星的同款，也有電視劇中人物的同款，首先讓買家從購物感官上認定這寶貝從其設計的外觀造型上是值得購買的，從購物心理上產生一種愛屋及烏的心理。

當買家自身喜歡這位明星或者紅人的時候，就會喜歡其身上所有的事物，而當在淘寶有賣家、店鋪銷售的時候，就會毫不猶豫地買下。這便是精準地抓住淘寶的市場時機為賣家銷售的爆款帶來的好處。當然，這樣的時機一定要是第一手的、最新鮮的資訊，一般而言，能夠購買該寶貝的買家一定是具有敏銳時機感的買家，因此愈是能夠快速地抓到市場中的時機，愈是能夠為爆款的維護提供有力的幫助。

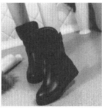

¥79.00 包郵　8873人收藏

¥49.00 包郵　5143人收藏

¥49.00 包郵　4483人收藏

¥45.00 包郵　4356人收藏

明星同款冬季新款女鞋珍珠錦棉雪地
靴大碼女靴子坡跟女冬中筒靴

冬季包郵周迅同款兩穿珍靴保暖絨里
厚平底鞋馬丁靴中筒女靴雪地

杉杉來了趙麗穎同款套頭毛衣女韓版
寬鬆長款加厚學院風毛衣秋冬女

新款秋冬衛衣歐洲站李小璐同款大眼
睛亮片加厚抓絨長袖寬鬆衛衣女

圖 9-5　同款寶貝

　　賣家在爆款寶貝中後期再次抓實市場銷售時機，不僅能夠讓更多的買家查看到寶貝、購買到寶貝，同時讓之前已經成功購買了此寶貝的買家擁有更好的購物體驗，從消費者心理出發，在無形之中增加買家和賣家之間的認同感，從而將一定的賣家維護轉化成為買家對寶貝的擁護。

3. 市場預測

　　爆款的打造過程常常被總結為爆款導入期、成長期、成熟期和衰退期，並且在前兩個階段中市場的預測會有著較為重要的作用，也會讓賣家們格外注意這一個細節。但是市場的預測對於中後期的爆款維護來講同樣也有著重要的作用。

　　在爆款經過了上升的時期後，往往會達到人氣和銷量的一個頂點而逐步呈現衰退，加上賣家在這時期只是停在之前寶貝為店鋪或者是交易額取得的成就上，而放任其自由發展，懷抱既然已經成為爆款寶貝就不用再擔心它的錯誤觀點，更別說賣家能夠對爆款所在的市場預測再次進行處理，很多情況下，賣家甚至不去理會寶貝自身的優化，而這往往便是打造爆款的賣家容易進入的一個誤區。

　　即時地對市場進行動態監控，不僅能清楚地掌握到寶貝在當前的發展狀態，更能具有前瞻性地瞭解寶貝在市場中的發展可能性等，才能夠在爆款打造的中後期繼續發揮爆款寶貝的優勢，讓爆款打造出來良好的銷售趨勢繼續發展下去。

　　圖 9-6 所示的是一款加棉的短袖 T 恤。短袖 T 恤多是夏季所選擇的服

飾，賣家將從春季就開始進行此款 T 恤的爆款打造，夏季時，寶貝不僅在淘寶中搜索靠前，同時讓更多的買家透過各種打造和推廣而購買和穿著，讓爆款在這個夏季成為火爆的款式。但隨著夏季過去，衣服自身的使用性不再具有優勢，除了一些想反季節購買衣服的買家會購買以外，銷量通常會逐漸降低。導致衣服的相關數據降低的最大原因就是季節性，賣家會對此進行一些調整和改變。簡單地將衣服的款式由短袖改成長袖時，可能會影響其上身效果，銷量不會有很好的變化。但如果換一種更改方式，讓買家們能夠以相同款式的衣服在更冷的季節穿，可以從厚度上進行改變。

圖 9-6　加棉短 T 恤

現在很多年輕人在遇見一件有型的衣服時，會想盡一切辦法將它穿在自己身上，特別是北方有暖氣供應的地方更是如此。這就是所說的合理進行市場預測。預測的不僅是從款式上偏向韓版、歐美風格還是香港風，還應預測買家們的購買心理。透過這樣的市場預測，將寶貝的爆款打造處理得更適應與買家購買需求和心理，進而占領更多的市場份額來維護市場中的爆款經營。

▋ 帶動次爆款

爆款寶貝的形成之所以受到愈來愈多淘寶賣家的關注，不單是因為其

自身有著十分高的銷量，能夠讓賣家獲取足夠的利潤回報，更多的是藉由爆款的打造，可以讓店鋪中某一件寶貝熱銷的同時拉動店鋪裡其他寶貝，也被買家關注，進而帶動其他寶貝的銷售，還能夠掌控這一段時期之內的淘寶銷售格局，為賣家在這個迴圈週期中獲得更多好處。

　　在淘寶中打造出來的很多具有高銷量的爆款寶貝，它們在其詳情頁面上的介紹都或多或少會有其他寶貝推薦或者搭配銷售，這樣可以透過爆款的熱門為這些寶貝獲得更多的曝光率，而且淘寶中的交易就是透過曝光率來得到的，小看了這樣的設置就是縮減店鋪中的總體銷量。

　　在購物時，大部分買家會因為便捷而選擇在淘寶購物，在進行爆款寶貝瀏覽的時候，買家往往也同樣會因為這一點來購物。當賣家主動為瀏覽寶貝的買家提供其他相關寶貝介紹的時候，如果正好迎合了買家的購物心理，往往就會形成一筆新交易。這是一筆對於賣家來說最便捷的交易。圖9-7所示便是出現在月銷量達六千多件的甲油膠詳情頁面中的其他寶貝推薦。藉由賣家的合理布局以及寶貝的選圖，同時透過具有突出效果的文字說明，將推薦寶貝的價格從視覺感受上設置得更加吸引人，加上寶貝的點選連結，能讓買家產生好奇的購物心理，並迅速地作出購買決定，讓店鋪中擁有更高的靜默轉化率。

圖 9-7　其他寶貝推薦

當我們點擊與單品爆款寶貝較為相似寶貝「指甲油」的詳情頁面時，如圖 9-8 所示，可以看到其所擁有的月銷售量也是一千多筆，並且累計評價同樣也有上萬次。指甲油透過店鋪所銷售的爆款甲油膠帶來了較為可觀的收獲。在這個時候，當賣家將打造的重點向想要帶動的「次爆款」上稍作移動，不僅在寶貝自身描述上進行一定的優化，同時將其與寶貝進行一定的對比，從二者的使用方式、寶貝特點、針對人群以及價格上突出指甲油的優點，讓買家在購買甲油膠後再去查看指甲油時，能夠感受到後者差異化的優勢，進一步購買寶貝。

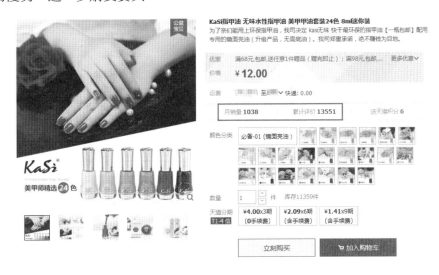

圖 9-8　次爆款寶貝的銷售

　　圖 9-9 所示的就是甲油膠想要帶動的指甲油成為店鋪中的次爆款寶貝中的優勢介紹。其中特別突出了寶貝的成分是否含有化工產品，以及使用時是否對買家的身體造成傷害的詳細說明，讓買家從購物體驗上更傾向於購買。想要以主帶次打造次爆款寶貝並且進一步帶動銷量時，賣家們不光要從主推爆款上作出帶動推薦，更重要的是對其自身的介紹中要有較高的目標和定位，才能夠進一步吸引買家的目光，進而獲得次爆品的可觀交易量和流量。

它是由纯水、植物色素萃取液天然树脂、调配而成，不含传统
指甲油的任何有害物质。

圖 9-9　次爆款寶貝的優勢介紹

　　優質的爆款寶貝所要帶動的不僅是店鋪內其他寶貝的銷售增長。倘若能在其影響和號召下將其中某一件或者多件寶貝的銷量提升至和爆款寶貝的銷量相差不多，這些關聯銷售的寶貝很完美地就成了次爆款寶貝。當市場發生變化的時候或許會影響爆款的發展，甚至使其衰落，這對於店鋪的經營來說無疑是很大的挑戰。但是，若店鋪在此之前打造了一定數量的次爆款寶貝，就可以透過將次爆款打造成為接力爆款的寶貝，繼續在這一個階段為店鋪保證交易量和流量。

　　除此之外，當賣家想要藉由附屬的次爆款寶貝為店鋪獲得更多的流量而提升寶貝或者店鋪的排名時，在店鋪中進行寶貝連結的設置也是很重要的，特別是針對一些種類、顏色、圖案能夠被分成很多種的寶貝來說，愈詳盡的分類在引入更多流量的同時，也能夠讓買家對寶貝瞭解得愈清楚，避免了因為要將寶貝敘述得更清晰而不斷地在店鋪、寶貝的詳情頁面中加入更多的介紹而讓頁面過長，導致買家失去繼續往下看的耐心，最終沒有得到寶貝的轉化率。

　　圖 9-10 所示是該店鋪在頁面醒目的位置作出的帶動寶貝的相關設置。從中我們可以清楚地看到，賣家將寶貝透過以一定數量的顏色作為寶貝連

結的分類，讓買家能夠一目了然地看到想要的寶貝所在的位置，同時在點擊進入不同分類的詳情頁面之後，能夠更加有效地看到寶貝的相關介紹，為寶貝的銷售提供了更快捷的購物體驗。

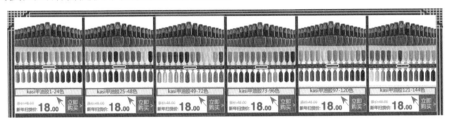

圖 9-10　依色彩、色系做寶貝銷售布局

　　帶動次爆款的熱銷除了能夠讓賣家掌握更多的王牌，為店鋪的經營帶來更多銷量和人氣的保障之外，也能反過來維護爆款的發展。透過不同寶貝的銷售帶來不同購物需求的買家，讓爆款寶貝總是能夠受到不同買家的關注以及購買，隨著店鋪的銷售量愈來愈高，店鋪在淘寶中的搜索權重比值越來越好，排列的位置也愈來愈靠前，能夠獲得更高的爆款寶貝曝光度，而在極高的數值作用下，當然也會有愈來愈多的買家能夠進一步地關注和購買。

　　這便是在打造次爆款的同時能夠反向獲得的收穫：只需賣家在經營和打造爆款的時候多投入一點選款和造款的精力，就能擁有更多的回報，那又何樂而不為呢？

夭折的爆款

　　爆款的打造並不是以前簡單輕鬆地寶貝行銷，更多的是藉由賣家對寶貝的規劃、銷售策略的相關部署，包括各種付費的輔助推廣等，同時經過一個從等待到攻破的戰術性時機，才能最終培養出一款成功的爆款，但在這個過程中，往往並不是所有賣家都能取得最終的成功，其中有近一半的寶貝在打造的階段就因為各種原因而夭折，讓賣家白白浪費之前的各種經營。

　　很多夭折的爆款打造中會透露出其中令人惋惜的地方，但當後來的賣家將其失敗之處更多地與自己打造爆款時的過程相對比，就能從中得到很

多啟示，讓賣家在此期間對自身的爆款打造方法有錯則改，無錯則繼續，成就完美的爆款寶貝。

▌爆款失敗分析

哲人常說「失敗乃成功之母」，並不單只是激勵人們在做任何事的時候不輕易放棄，更是要告訴人們失敗往往會帶來很多之前沒有得到過的啟示，從失敗中不斷總結可再次提升或改進的地方，在接下來的再次努力和嘗試中取得最後的成功。對於爆款的打造來說，主觀的能動性固然重要，但是汲取一些前輩在打造時的失敗經驗也不失為一條捷徑，能夠從相關經驗入手，更加迅速和快捷地幫助賣家進行爆款的成功打造。

爆款失敗不只有人為因素，還兼有一些客觀因素，即銷售的具體時機不好等。例如，在當前發生了一些讓絕大數人都較為傷心的大型事件，像空難或者社會不幸事件，受到人們廣泛的關注和同情，此時在淘寶中銷售或打造喜慶的寶貝，就不是那麼容易取得成功。

客觀因素一定會在失敗的爆款中達到一定的影響，但更重要的是更多的主觀原因。透過分析重要性更加強大的主觀原因，能夠讓賣家真真切切地進行打造時的修改調整，不僅利於積極地反思，更能夠保證賣家更多可做可想的執行力，從而獲得對爆款打造的新認識、新啟發以及新行動力，讓爆款寶貝能夠更加得力地取得賣家所希望的成功。

1. 說不清寶貝的定位

在淘寶市場中，有很多寶貝不僅數量眾多，同時所擁有的特點、功效等也讓很多買家大開眼界，而如何讓買家看到寶貝更多的優勢就是賣家在打造爆款時應該注意的。

分析很多失敗的爆款及其自身情況時，其在淘寶中的定價或者是自身相關的使用及特性等，在全網中都算得上是不錯的寶貝，但在爆款打造的最後卻還是失敗了，主要原因就是賣家沒有將購買寶貝的更多優勢透過詳情頁介紹等方式向買家展現，更重要的一點就是沒有將寶貝的具體定位清晰地展現在買家面前，讓買家在查看完寶貝之後沒有得到寶貝使用的具體

目標人群、寶貝使用後的具體效果等，從消費的目的上沒有足夠讓消費者對寶貝產生吸引而影響銷量，爆款寶貝打造的失敗便是可預期的了。

　　針對這樣一個原因進行分析，找出能透過賣家努力而有效改進的重點，藉由在寶貝標題中關鍵字的功能屬性設計，使寶貝的詳情頁更加有效，讓買家在短時間的查看中就能夠從布局等方面的因素瞭解到寶貝的特點和用法等，或者透過適量文字配合圖片、影片等的方式，將寶貝以最直觀的方式進行全方位的展現，讓買家在不需要和客服進行溝通的情況下就更瞭解寶貝。圖 9-11 所示是一家銷售雙眼皮鍛鍊器的創意產品影片介紹。

　　這樣的寶貝往往因為其具有十分強大的創意性，會讓需要此功能的買家產生極大的興趣，這就為爆款打造提供了基本條件。但也正是因為寶貝自身所擁有的創意性，在其使用方式和定向使用人群上會讓買家產生一定的疑惑。借助相關影片的解釋，不僅讓寶貝更加專業化，同時節省了很多賣家對寶貝介紹時所需花費的時間和精力，減少了詳情頁上數量較大的描述和介紹，也能夠讓買家將寶貝瞭解得更加全面直接，完全明白了賣家所打造的爆款寶貝的具體詳情和定位等，便能很好地從可控制、可改變的角度上確保爆款寶貝在打造階段的成功。

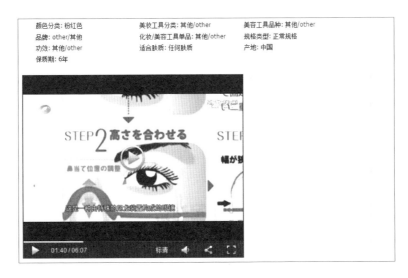

圖 9-11　寶貝影片介紹

2. 沒有破零買家

當賣家有足夠的精力去將店鋪中的寶貝打造成為具有高度帶動力和高度競爭力的爆款寶貝時，表示賣家不管是從寶貝的經營方面還是購買力方面都有足夠的信心，但卻在打造過程中出現了各種問題。對於爆款寶貝來說，其本身有著一個優質的銷售圈，即高的銷量會帶動更高的銷量。在爆款寶貝的打造過程中，很重要的一步是要將銷量破零，才能從各個方面推動下一步的發展。在爆款寶貝的打造過程中，可以說沒有銷量的破零，就一定不會成就出爆款的成功。這一點不僅僅是對屬性為爆款的寶貝，就是想要打造具有一般銷量的寶貝來說，也是不可能成功的。因此，對這一點，買家需要考慮合理規劃和處理。

爆款寶貝的破零銷售往往會比一般寶貝的破零銷售有更高的要求。當一般寶貝的破零交易量在十件的時候，那麼爆款寶貝的破零交易量就要求在一百件。在淘寶中，要想在一個較短的時間內將寶貝的銷量從零破至一百件確實不是一件較為輕鬆的事，而這時，就需要賣家合理地運用相關的資源，並且將所利用的資源變成能夠高效利用的優質資源。

首要的一點，就是努力使對寶貝有需求的朋友變為買家。這一部分買家不光能夠為寶貝帶來優質的評價，同時可以從親近的朋友中透過最真實的宣傳等為寶貝和店鋪帶來更多優質破零買家。在這個過程中，賣家也要從服務或者其他環節上為寶貝的破零買家提供更優質的購物體驗，讓第一批買家成為店鋪中的長期合作夥伴。

3. 推廣不到位

常瀏覽淘寶的爆款寶貝會發現，絕大多數的爆款寶貝會出現在一些等級較高以及一些月平均銷售額較高的店鋪中，較少出現在一些等級較低同時交易額也不多的店鋪裡。造成爆款出現此種現象的原因就是較大的店鋪通常會選擇寶貝的推廣方式來提升寶貝的曝光率。

推廣的作用透過前面的介紹說明，它對爆款寶貝的打造最重要的就是能夠讓寶貝呈現在淘寶中，並且能讓更多的買家在更醒目的位置發現寶貝，進行查看和購買。而對於失敗的爆款來說，這個環節只憑藉賣家自然

的推廣、宣傳，以及藉由買家在淘寶自然搜索中進行的選擇，往往都難讓寶貝在淘寶激烈的競爭中在展現優勢。

在淘寶中，寶貝的推廣有很多形式，例如廣告推廣、直通車、淘寶客等各種方式，供賣家銷售寶貝時有針對性地進行選擇，考慮流量轉化，這種方式是必不可少的。圖 9-12 所示是在淘寶首頁中最為突出的廣告板塊，而隨意點擊進入正在輪播的廣告寶貝，頁面顯示的賣家的設計以及價格都和廣告中的推薦相匹配。

圖 9-12　淘寶首頁廣告推廣

它以廣告的形式進行推廣，讓買家認為寶貝自身是一種明星產品，並受到了很多人的喜愛，也可以點擊進入看看。在這個過程中就有一定的機率將寶貝的流量轉化成為銷量，爆款的打造階段就不愁沒人看了。除了利用首頁的廣告方式進行推廣之外，淘寶還為賣家提供了各種方式進行爆款的打造。

圖 9-13 所示是利用淘寶客推出的愛逛街所展現出來的寶貝推廣。當推廣配合上更好、更優質的寶貝圖片時，還愁對買家無法產生吸引力嗎？

圖 9-13　淘寶客推廣

在爆款寶貝打造過程中，最終還是需要賣家去執行才能看到推廣為寶貝帶來的作用。沒有使用推廣，僅僅靠自然數據，對於爆款緊迫的高要求的打造來說一定會存在著某種影響。同時，利用推廣也要合理地規避各種風險對爆款打造帶來的衝擊，努力將推廣的正面作用實踐在爆款寶貝的打造上。

4. 貨源無法保證

一位打造爆款最後卻失敗的賣家談及其失敗原因時說，他的失敗很大程度上是因為在寶貝銷售過程中貨源供應鏈斷裂，無法對買家發貨，只能選擇退款；而當貨源重新連接後，再詢問之前想要購買的買家時，得到的多數回答是已經購買了該款寶貝，或者是已經不想要了。爆款的銷售量動不動就上千或者上萬，要求賣家們在最短的時間內為買家發貨。這就說明了在爆款打造的時候要充分保證貨源的充足，不要因為貨源的問題將爆款打造斷送在一個原本可以避免的環節上。

在貨源的問題上，最常見的兩種管道就是「自營」和「外源」。一般來講，自營方面的貨源供給在爆款的打造上具有更優質的保障，能夠完全透過銷售情況自產自銷，同時也能根據市場變化，將寶貝的製作進行適當改變來迎合市場的需求，進一步促進寶貝向爆款的打造。另一種就是藉由賣家自行聯繫的寶貝製造商來為店鋪提供貨源。與前者供貨模式相比，後者

就會面臨更大的風險。對此，賣家在爆款貨源的準備上就要更進一步地保證廠家的出貨率。當遇到一些廠家正在生產製造，而同時在店鋪裡又有大量的訂單湧入時，則可以採取預售方式，不僅可以緩解賣家發貨的壓力，同時也為寶貝贏得了更多機會，進而成功地打造成為爆款。

圖 9-14 所示為一款在上架之後銷量很快上兩位數的預售寶貝的交易詳情頁面。從寶貝上架後短短一個小時，它已經銷售了 45 件，可以說是一個不錯的銷量。從賣家對寶貝制定的款式和型號上來看，採用了預訂的形式，在以一種換位的形式向買家進行承諾的同時，也為自己的發貨以及貨源補給贏得了極充裕的時間保障。即使廠家不能保證在賣家對買家提供的預售時間中順利地將寶貝製造出來，也讓賣家有時間考慮重新聯繫一家全新的、有能力完成的廠家進行寶貝的製作或加工。

即使重新換廠的過程中，賣家的成本會有所增加，但是能夠保證賣家在爆款打造過程中的誠信和相對收益，還是值得的。因此，在爆款的打造中，賣家對貨源的供應一定要有最完善的兩手準備，同時在設定寶貝具體數量的時候，不可超過其能夠承受的負荷，這是對買家負責，也是對自己負責。

圖 9-14　預售寶貝詳情頁面

5. 資金補給漏洞

爆款的打造一定是長線經營的過程，在很多情況下，會遇到賣家事前沒有考慮或意識到的情況發生，在此時，補救和調整政策就顯得十分重要了。由於要求在爆款打造的較短的有效期內對補救漏洞，採用的最直接方式就是利用資金周轉。很多寶貝在前期的設計和構思中都會花很多功夫，但正是由於沒有留出足夠的備用資金去解決一些突發問題，造成了爆款打造的中斷。

在資金方面以小失大非常不划算的事，這既是爆款打造時遭遇的較好解決的事，但同樣也是最容易走向死胡同的一件事。為了避免這種情況的發生，在策劃爆款的時候就將一部分的打造款留出來，同時適當地擴大營運成本的預算，讓賣家減少因此帶來的營運失誤。

6. 戰略戰術上的失利

戰略和戰術上產生的問題，在爆款的打造中具有毀滅性的破壞作用，它的破壞性遠遠高於上述分析的五點。這就要求賣家們在進行寶貝打造的初期多多查看淘寶上擁有絕對人氣和銷量的爆款寶貝作為參考案例，並對其進行一段時間的追蹤觀察，從中結合店鋪對寶貝各個方面做出的調整，再與自己所打造的爆款寶貝相參考，尋找到適合自己寶貝銷售的熱點經營方式。

除了參照淘寶中的現實打造的案例外，要想將寶貝正常地發展下去，可以透過相關的文獻參考來進行戰術策略的調整，藉由最直觀的文字作為參考，將實用的部分挑選出並進行融合，也能夠為爆款寶貝的打造提供一個優質的戰術戰略作為指導標準。除了這兩點參考性強的戰術方式之外，也可以具體請淘寶爆款打造的專業老師提供幫助。

▌ 夭折的爆款後期策略

當爆款寶貝在打造的過程中遇到一定挫折時，其中一些寶貝會透過賣家所作出相應的應對策略進行化解，而另一些爆款可能就因此而夭折。在這個時候，賣家也應當對夭折後的爆款作出適當的後期策略來進行善後處理。然而，即使這件爆款寶貝的打造被宣告流產、終止，但賣家也可以適

當地利用一些方式對爆款進行不放棄處理，或許可以得到好結果。

1. 棄款選新

棄款選新是將爆款打造重新再來的一個很好的後期策略，不會受到之前在舊爆款打造時來自各方面的影響，可以在賣家們有更多經驗的前提條件下結合當前的市場趨勢選擇更好的寶貝，藉由更完善的策略將此番打造的全新爆款在市場上推廣出去。在這個大前提下，賣家主要採用兩種重選的方式，一種是選擇店鋪中其他銷量、人氣等還不錯的寶貝作為全新的爆款打造，另一種就是重新選擇店鋪中之前沒有銷售過的任何寶貝，一切都從頭再來。

(1)推次爆款

在爆款寶貝打造失敗時，作為店鋪中平常也十分重視的次爆款的重要性就顯現出來了。當店鋪在主推的爆款中累積流量和人氣的時候，在顯著位置上放置的次爆款寶貝也會收到一定的流量和銷量，這便是新一代爆款的基礎，同時也為賣家在進行新款寶貝打造時，在數據方面節省下很多成本。

圖 9-15 所示是在同一家店鋪中的三件高人氣、高銷量的寶貝。從圖中顯示的具體數字上來看，三件寶貝的價格均在買家能夠接受的範圍之中，同時從寶貝的銷售數字上來看，也全部都保證有上千的銷量，而從累計評價數字上來說，也有足夠的量讓買家查看和參考。

因此，當其中一件寶貝因市場或者是人為等因素夭折之後，賣家可以選擇其他兩件寶貝作為替補進行主推，透過店鋪首頁相關推薦和重點的改變，將替代寶貝的特點更加突出，同時也在性能上描述得更加實用。在這個時候，買家藉由賣家的介紹以及寶貝本身累積的數據等，也是願意購買這一件寶貝的。賣家此時可以更加便捷而有效地將新一代的爆款在店鋪中打造出來。

以店鋪中的其他寶貝作為新爆款的策略固然是最便捷、也能取得更好效果的方式，但其前提是店鋪中的備選寶貝有適合的條件，例如累積一定的人氣、銷量、評論等能夠讓買家看得到的數據體現，而不是隨便選擇一

款沒有數據累積等展現效果的寶貝作為爆款的替代品。當店鋪中沒有足夠實力的寶貝時，賣家便應該放棄這樣的策略。

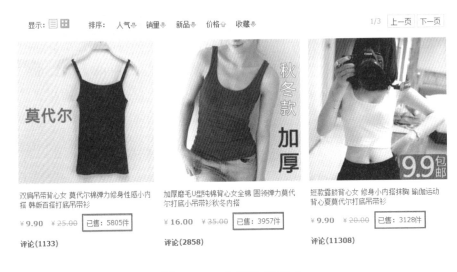

圖 9-15　店鋪熱銷背心

(2)選新

　　當一件爆款寶貝在打造過程中夭折時，很多賣家不管是從自身的心態還是進行店鋪的管理和營運上，情緒都會十分的低落，因此在這個時候重新選擇一款寶貝來進行全新的爆款打造，可以說是一個能夠重振人心的好策略。很多賣家在這時會糾結於接下來的選款過程中到底應該作出怎樣的選擇，其中也存在著一個十分重要的重選前提，即在保持和店鋪經營範圍相匹配的條件下進行選款。

　　圖 9-16 所示為在淘寶的自然搜索中進行「爆款」的搜索得到的搜索結果。從這個搜索結果中可以看到，出現的爆款寶貝的種類從 T 恤到連衣裙再到休閒褲等多種。從寶貝的特點等上來看，也有很多供參考的因素。因此，對於需要重新選擇淘寶寶貝進行爆款打造的賣家來說，當自己無法更加精準地抓選出合適的爆款物件時，就可以透過直接在淘寶進行「爆款」關鍵字的搜索來進行查詢，或許選擇出來的寶貝能夠從迎合市場銷售的方

面，在這一次被成功地打造出來。

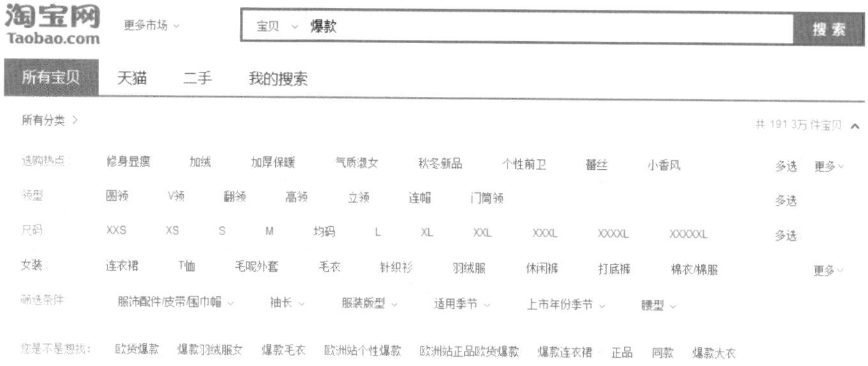

圖 9-16 「爆款」搜索結果

2. 下架完善

爆款寶貝的打造時出現夭折，代表了寶貝自身或者是賣家所打造的方式在某一個環節中出了錯，才導致了賣家最不願意看見的結果。在這個已經花費了賣家諸多心力的打造期，將這款寶貝打入冷宮而重新進行選擇，往往是很多賣家不想也不願意作出的後期策略。

此時可以將這款爆款寶貝暫時下架，進行寶貝關鍵字、詳情頁、圖文介紹、案例展示等的修改和補充，甚至是對寶貝外觀、顏色等的重新設計，讓買家們在下一次看見寶貝的介紹時有購買欲望。當然，為了更體現出寶貝被下架以後作出重塑，在重新上架的時間上，也應該在抓住寶貝銷售時機的同時，抓住更好的寶貝上架時間，根據淘寶系統中的七天自動上下架原理，將寶貝的自然曝光率提升到一個更好的空間。

爆款寶貝在打造的過程中總會出現或多或少的狀況，最壞的結局就是爆款夭折。但在這個時候，賣家不應該選擇放棄，而是更積極地去面對，從中吸取教訓，並進行總結和完善，爭取藉由不斷調整的人為策略將爆款寶貝真真正正地成功打造於淘寶之中，讓更多買家關注，讓更多買家消費，讓店鋪更加完美地營運。

第 10 章
淘寶操作手法大揭祕

在淘寶這個競爭激烈的銷售市場中，能將自己店鋪中的寶貝銷售出去不是一件易事，而使爆款商品具備高人氣、高銷量更不是一件易事。

前九章，介紹了爆款打造的各方面技巧與原理，本章的內容結合了淘寶中真正存在的爆款，用最貼近現實的知識，向賣家朋友們真實展現如何打造淘寶爆款。

活動打造爆款

在淘寶的店鋪中做寶貝銷售的各種活動，能夠將大量的人氣和流量吸引到店鋪中來，這對於賣家想要進行爆款的打造甚至是清理庫存等，都能夠達到很好的促進調整作用。而在旺鋪進行爆款打造的過程中，透過活動的方式來進行打造不僅是愈來愈多賣家的選擇方式，而且使其自身能在較短的時間內吸引更多買家目光，更具效率地形成寶貝的轉化率等，是打造爆款的利器之一。

因此，將店鋪或者寶貝的活動與爆款的打造放在一起，能夠以最大的推動力將爆款更加完全地展現在淘寶全網和更多買家眼前。如圖 10-1 所示。

圖 10-1　爆款

▍活動規則

賣家想要藉由一個較為完美的活動進一步將爆款寶貝打造成功，首先需要制定一系列打造爆款活動的規則，以規則的形成來確保打造爆款寶貝活動的順利進行，讓賣家能夠在一定的規範下更加準確和系統地在競爭激烈的淘寶網中打造出具有實質高流量、高人氣以及高銷量的爆款。

1. 簡潔明瞭

據視覺調查顯示，愈是讓人一目了然的東西，比起複雜的東西更能夠在現代人腦中留下深刻印象。爆款要在最短的時間吸引最多買家的目光，就更需要運用這樣的視覺原理，讓需要打造的爆款由內到外都滿足簡潔而醒目的打造爆款活動原則。

(1)寶貝

在打造爆款的活動中，對於主體「寶貝」自身來說，首先要滿足簡潔明瞭的活動規則。在淘寶從搜索到購買的過程中，賣家曾做過這樣一個調查：隨機選取一百位進入店鋪瀏覽寶貝的買家，查看其在頁面上所停留的具

體時間，以此來衡量寶貝搜尋網頁面和詳情頁面上的側重點。結果發現，近八成的買家將對寶貝的瞭解時間，都花在旺旺詢問賣家和查看寶貝詳情頁面上的主圖和標題上。對於這樣的調查，就要求賣家在打造爆款寶貝的活動時盡量滿足買家消費的消費習慣，將爆款寶貝的主圖以及標題設計得簡潔明瞭。

在寶貝標題的設定中，透過選詞將直觀和有效的關鍵字以優化組合的方式展現在買家眼前，從標題中可直觀地看到寶貝的特點、使用方式以及與其他寶貝相比較之下存在的優勢等。對於寶貝的主圖設置，為了輔助寶貝的銷售，在選擇好最具代表性的一張寶貝圖片以後，輔以適當的文字。例如十字以內的寶貝名稱、特點、價格、促銷詞等，讓買家在看到主圖的時候能夠認識爆款寶貝的作用。與此同時，這樣簡潔明瞭的寶貝名稱以及主圖，對之後賣家或是將其放入直通車等推廣具有良好的輔助作用。

(2)活動

店鋪打造爆款的活動也應該和寶貝自身設置採取相同的方式和方法，簡潔明瞭，讓買家能夠自主地看懂。在日常生活中，倘若商場的促銷活動十分複雜，顧客都會選擇詢問商場員工；而在網路的淘寶中，複雜的活動會使買家與客服的溝通難度增加，容易產生寶貝銷售的歧義誤解，因而造成一些本可以避免的糾紛。有鑒於此，在打造爆款的活動中，盡量選擇簡單的活動方案，讓買家一目了然地看清楚活動內容，切忌在爆款的活動之上添加過量的方案，否則在交易量較大的情況下會產生紕漏，特別是對於手動的活動執行，更增加了店鋪客服的工作量。

圖 10-2 所示是為一家專注韓國護膚品的店鋪打造的活動介紹圖。從圖中我們可以看到，期限僅為 3 天，屬於階段性的活動，這樣不僅為進入店鋪想要購買寶貝的買家營造出一種緊迫感，同時與店鋪本身對 VIP 客戶設計的活動重疊在一起的時間也不會過多，讓賣家能夠賣得輕鬆，買家也能夠買得明白。

除了這種有期限的店鋪活動外，另外一種店鋪活動就是「現金優惠」。這比起禮品的贈送以及寶貝的折扣對買家來說更具吸引力，如圖 10-3 所

示。但對於這種以省錢的方式進行的店鋪活動來說,在滿足了讓買家清楚知道的前提下,適當地堅持長期的進行,在一定程度上也有利於買家對店鋪和店鋪中寶貝的長期關注,利於爆款的長線發展。

圖 10-2　店鋪活動

圖 10-3　店鋪活動

2. 前期保證

在做爆款活動之前,不管是從店鋪的經營管理方面還是從對寶貝的選擇和設定方面,都需要賣家在前期做好準備,在這個沒有硝煙的商業競爭之中打一場完美的「有把握之戰」,為店鋪和寶貝提供強有力的支撐。

(1)活動平臺的庫存準備

由於這個活動是專門為打造爆款而營造的,為了確保爆款能提升銷量,因此,在活動之前要對活動的寶貝進行庫存整理,同時密切地關注活動進行時寶貝的銷量等展開適時的調整,藉由對銷售量的統計表格等形

式，充分地展示出寶貝等的具體銷量，即時地調整寶貝的庫存數量。對於庫存的管理來說，為了保證賣家的利益並將風險降到最低，將庫存的寶貝存量設置在寶貝總數量的三分之二左右，同時要合理地掌握一條對於店鋪經營來說有保障的供應鏈條。

(2)產品的準備

在店鋪中要做爆款的打造，最重要的就是要做好寶貝的銷量環節，只有賣得出去的寶貝才是成就爆款的先決條件。因此在進行爆款打造的活動之前，首要規則就是挑選出適合被推廣成為爆款也適合放入推爆活動中的寶貝。在進行活動的寶貝準備的時候，除了要求符合店鋪性質的規定外，就是要求賣家儘量從更多的管道，例如排行榜、微博論壇或者是專業的測款軟體等，來查看在同類寶貝中什麼是最受買家青睞的寶貝。

除了要求賣家選擇一款足夠熱銷的寶貝之外，還要求確保這件寶貝的質量能達到國家和行業要求的合格線。在這個以消費者合法權益為中心的消費時代，不管是線上還是線下，更多的買家都會更加注重寶貝的品質等問題，同時也會採取更多的手段來進行寶貝情況以及品質等的檢驗。為了保證店鋪的誠信度，換取更多的新、老買家，在選擇寶貝的時候，倘若是自己店鋪的生產線，一定要嚴格把好關，倘若是選擇的貨源，則需要選擇貨源可信、質量保證的。即使是走銷量的爆款，也應該以品質優先，讓買家信得過，同時對於活動的進行來說，也能夠滿足其基本的保證。

(3)頁面統一性

頁面統一的重要性不僅僅體現在最直觀的視覺效果上，讓買家能從進入店鋪中的第一眼就看到該寶貝進行的活動，在邏輯上，使整個店鋪看上去更縝密，讓店鋪在爆款寶貝的銷售及店鋪的整體布局裝修上都顯得更有邏輯性，同時也能夠讓買家在對店鋪的首頁以及具體寶貝的詳情頁面瀏覽的時候更覺得專業和規模化，進而增強了買家對這件寶貝的信賴感。

圖 10-4、圖 10-5、圖 10-6 所示分別為一家專賣韓貨的賣家在店鋪的首頁推廣、寶貝詳情頁面中的購買屬性以及具體介紹的更多寶貝活動等。首

先，從參加爆款打造的寶貝所選擇的圖中可以清楚地看到它們都選用了一張圖，並且這張寶貝圖中能夠清楚地反映出寶貝自身的賣點，包括顏色眾多，能夠滿足絕大部分的買家在口紅顏色選擇上的需求。此外，店鋪將寶貝設定的爆款活動以價格為主要的活動要素。首頁的宣傳圖下方打出的標語清楚地寫上了寶貝價格為搶購價，這一點也體現在寶貝的價格欄上。

　　而在寶貝的詳情頁面中，將該件寶貝與其他商品的組合搭售活動，同樣是對寶貝的價格制定上操作的。因此，從這三個方面來說，這件韓妝口紅的爆款打造活動，從內容和形式上都具有鮮明的統一性，可以取得累積評論以及交易量高達上千的好數字。

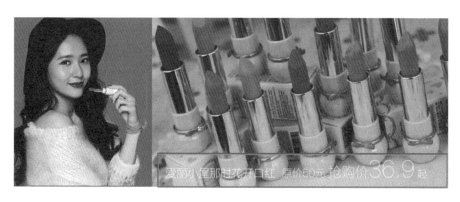

圖 10-4　寶貝首頁活動

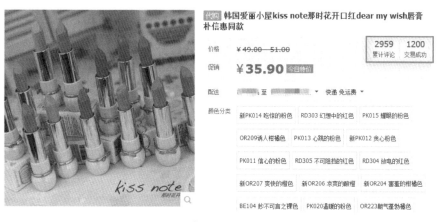

圖 10-5　寶貝詳情頁購買數據

圖 10-6　寶貝搭售活動

(4)附屬規則

　　在這個看不見實物的虛擬交易平臺中，往往會出現比現實商品交易更多的買賣糾紛。在淘寶這個相對來說更加偏向於買家的購物平臺，買家可以隨意地為所買到的寶貝作出任何的評價與質疑，而這些對寶貝的評價也會多少影響到整個店鋪的經營以及評分，賣家很多時候也會倍感無奈。因此，事先透過店鋪的首頁以及寶貝詳情頁中的介紹，甚至是旺旺聊天中的自動回覆等，都可以將店鋪的一些關於寶貝出售的活動規則和禁忌等以顯眼的文字形式展現，讓更多買家能夠清楚地看到。

　　圖 10-7 所示是一家在淘寶網上經營國外代購商品的淘寶店鋪在其首頁以及寶貝的詳情頁中進行的說明。由於代購的商品對於國內的消費者來說較難辨真偽，加上在價格上比專櫃或者是天貓店低近一倍的價格，更是讓一些抱著試一試心態的買家對其真偽產生懷疑。除此之外，不同的國家在其商品包裝等方面都會有一些明顯而細微的差別，這也是導致消費者不信任的原因之一。

　　因此，對於選擇熱門海外代購的寶貝來說，為了避免因為是爆款產品會被數量極多的買家所購買，同時也得到數量偏多的中、差評等不利於寶貝評分排名以及店鋪 DSR 分值的問題，可以在店鋪內醒目位置寫出寫出類似的君子保障，以誠信經營讓買家對寶貝放心，為在活動中形成的爆款作出合理的護航。

圖 10-7　賣家保障

圖 10-8 所示是一家淘寶店鋪對寶貝的郵費具體採取的快遞方式作出的規定，其中包括店鋪中快遞的選擇和包郵的標準，讓買家對是否要單獨拍下郵費等能夠進行自主的判斷和選擇，有效地避免了買家和賣家在郵費問題上發生的糾紛與矛盾。

【包邮条件】
一般地区199元包中通快递，399元包顺丰陆运。
偏远地区（内蒙，青海，宁夏，西藏，新疆，甘肃，海南）不满399元，
请拍下顺丰陆运的运费（运费请咨询客服）
满399元包顺丰陆运【我们这里去这几个省份只可以走顺丰陆运哦】

圖 10-8　關於快遞的規定

淘寶上購物的便捷是絕大部分買家所能親身感受到的。買家在淘寶上搜索總是能夠找到各種想不到的便宜和驚喜。但在淘寶消費中，一般情況下，買家所要支付的不僅包括購買該件商品的費用，同時也要支付快遞費用，如果買家因自身問題需要退貨或者換貨的話，則要承擔更多的來回運費，因此，愈來愈多買家關注「運費」的問題，特別是針對一些寶貝自身價格遠遠低於運費價格的寶貝。

在交易之前就將銷售寶貝的運費規則詳細地對買家進行說明，也能夠確保在打造爆款的交易活動順利。同時，賣家也絕不能因為隨意地認為運費是一件小事就不在乎。在爆款的打造中，由於日銷量和月銷量都相對較

大，因此，郵費也不是一個小數目，所以在打造爆款的活動之前就應該做好對買賣方的郵費處理規則，同時，在寶貝交易過程中，為了讓買家對郵費減低顧慮，可以和快遞公司簽訂一些郵費的優惠合約，讓買家從中受益。

圖 10-9 所示是一位賣家在其店鋪首頁的醒目位置介紹店鋪和寶貝出售的相關規則，特別是在寶貝的價格上和詳情頁中寶貝的描述，賣家更是向買家進行了相關的敘述，讓買家在進店消費之前就能夠瞭解店鋪中的要求和規定。這樣的方式在淘寶中被稱為「君子協議」，即要購買就要遵循賣家制定的要求，若沒辦法做到，可以選擇不購買。這樣的方式可以過濾掉一些較為隨意評價和喜歡挑剔的買家，可大幅度減少中差評及交易糾紛。

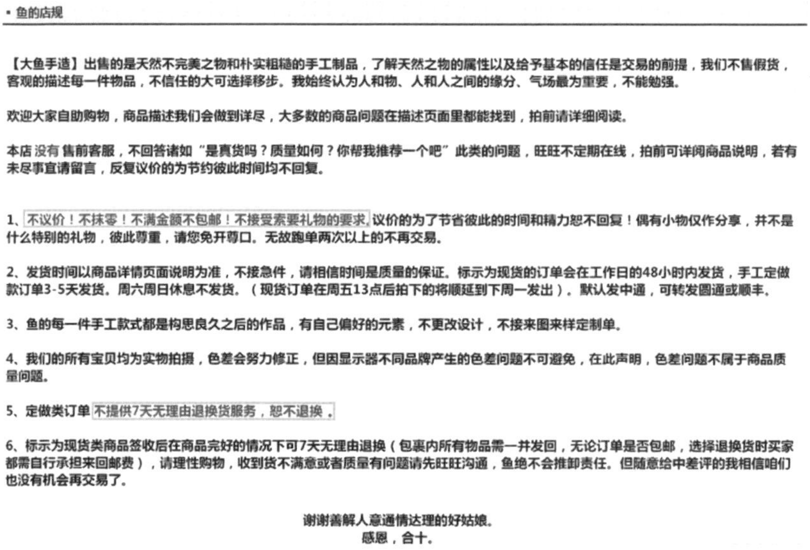

• 鱼的店规

【大鱼手造】出售的是天然不完美之物和朴实粗糙的手工制品，了解天然之物的属性以及给予基本的信任是交易的前提，我们不售假货，客观的描述每一件物品，不信任的大可选择移步。我始终认为人和物、人和人之间的缘分、气场最为重要，不能勉强。

欢迎大家自助购物，商品描述我们会做到详尽，大多数的商品问题在描述页面里都能找到，拍前请详细阅读。

本店没有 售前客服，不回答诸如 "是真货吗？质量如何？你帮我推荐一个吧" 此类的问题，旺旺不定期在线，拍前可详阅商品说明，若有未尽事宜请留言，反复议价的为节约彼此时间均不回复。

1、不议价！不抹零！不满金额不包邮！不接受索要礼物的要求，议价的为了节省彼此的时间和精力恕不回复！偶有小物仅作分享，并不是什么特别的礼物，彼此尊重，请您免开尊口。无故跑单两次以上的不再交易。

2、发货时间以商品详情页面说明为准，不接急件，请相信时间是质量的保证。标示为现货的订单会在工作日的48小时内发货，手工定做款订单3-5天发货。周六周日休息不发货。（现货订单在周五13点后拍下的将顺延到下一个发出）。默认发中通，可转发圆通或顺丰。

3、鱼的每一件手工款式都是构思良久之后的作品，有自己偏好的元素，不更改设计，不接来图来样定制单。

4、我们的所有宝贝均为实物拍摄，色差会努力修正，但因显示器不同品牌产生的色差问题不可避免，在此声明，色差问题不属于商品质量问题。

5、定做类订单 不提供7天无理由退换货服务，恕不退换 。

6、标示为现货类商品签收后在商品完好的情况下可7天无理由退换（包裹内所有物品需一并发回，无论订单是否包邮，选择退换货时买家都需自行承担来回邮费），请理性购物，收到货不满意或者质量有问题请先旺旺沟通，鱼绝不会推卸责任，但随意给中差评的我相信咱们也没有机会再交易了。

谢谢善解人意通情达理的好姑娘。
感恩，合十。

圖 10-9　店鋪規則

3. 售中

在打造爆款活動的過程，售中是最能夠體現人氣流動的一個環節，在這個環節中拚的正是賣家對店鋪銷售的管理是否符合市場的銷售規律，是否能使絕大部分買家在購物中滿意。最忌諱的是認為買家付款之後便可以

隨意對待他們，甚至是不理不顧一味獲利，也不管店鋪和寶貝的評分。因此在銷售的過程中，也要制定店鋪管理以及買家維護方面的活動規則，進一步保證爆款打造活動的順利。

(1)及時

「及時」的規則包括買家在詢問旺旺時的客服反應速度、賣家的發貨速度、在顧客取消交易並申請退款之後的退款速度等。

寶貝在進行爆款打造期間，店鋪往往會有一定的優惠活動，這時的買家在多數情況下都會對爆款寶貝、店鋪活動或是包郵情況有一定的疑問，而這樣的買家群體會占到進店消費的一半以上。當買家遇到或想到一些不明白的問題時，首先就是藉由和賣家溝通的旺旺進行諮詢，這時就要求賣家在遇到顧客詢問交流的時候有一個較短的響應時間，讓買家能夠在快速地被賣家客服接待中體會到自己的優越感。在爆款打造的活動中，這樣及時的反應也能夠給買家帶來店鋪在客服管理上的專業感。

圖 10-10 所示是一家店鋪在顧客詢問後的第一回應時間，從圖中可以看到時間是不超過一秒鐘的。在很多時候，透過活動進行，爆款的打造都會將數量可觀的消費者吸引到店內，因此會造成旺旺接待的人流量遠遠大於其能夠處理的最大限度。為了保證旺旺的反應速度，可以將一些買家須知設定為旺旺的自動回覆，不僅能夠快速回覆買家，不至於怠慢買家，而且能在一定程度上提醒店鋪，也能在回覆買家時獲得延長時間的作用。

圖 10-10　旺旺反應速度

滿足售中「及時」原則的第二點，就是賣方要為買家進行及時的發貨處理。每一位在淘寶中購物的買家都希望賣家能夠在完成付款後第一時間內發貨，並在最短的時間內收到寶貝，從買家的角度，這說明了及時發貨的重要性。此外，因為此階段為爆款活動的打造時期，賣家要想在短時間

內擁有寶貝的銷售量以及一定數量的寶貝評價，一定要做到及時發貨。

圖 10-11 所示為店鋪對寶貝發貨時間作出的店鋪解釋和承諾，也給自己的發貨時間作出了最晚的限定。

售中還要做到的一點「及時」，是賣家最不願意接受的一件事，即及時受理買家的退款申請。打造一件爆款，為店鋪賺到的是人氣和銷量，為賣家贏得更多的收益進賬，同時能夠從這一筆筆的交易中得到更多寶貝誠信交易以及店鋪信譽的提升。因此，有買家想要退款時，要及時進行寶貝的備註及退款處理。這樣的操作往往會給買家留下一個良好的店鋪形象；而一直對買家進行推託和敷衍卸責只能讓買家更不想購買，甚至在店鋪的經營中形成糾紛，從而對店鋪評分造成巨大的影響。

■ 現貨類訂單在工作日的48小時內發貨，手工定做款3~5天發貨。 默認發中通或（周六周日休息不發貨）。

圖 10-11　店鋪發貨細則

(2)不要斤斤計較

在打造爆款活動的進行中，賣家在處理店鋪活動以及寶貝銷售時不可斤斤計較，因為賣家成就的是高銷量、高回報率的爆款活動，有了付出才可以得到具體的回報。因此，對活動優惠政策要保證力度足夠大，能夠吸引到足夠多的買家光顧。

另外，在寶貝的售出過程中，店鋪服務不要吝惜，對於購買後的相關贈品等也不要吝惜。當收到寶貝時，買家發現賣家給自己贈送的任何東西時，都會有一種驚喜，進而增加對店鋪以及賣家的好感度。寶貝在出售過程中，如果買家收到來自賣家對於寶貝在物流和新品相關的一些關懷，總是能夠感受到在這個虛擬交易平臺以及素未謀面的賣家濃濃的暖意。這樣的細節可以增添店鋪的魅力，同時也能夠進一步保證爆款打造活動的順利進行，這便是以細節推動全域的發展。

4. 後期維護

雖然說在淘寶購物過程中，買家和賣家之間不會有正面的交際，因為各種各樣的溝通都是透過螢幕傳輸的旺旺，及聲音傳輸的電話進行的，在一定程度上會對售後造成一定的影響和局限性。一些要想藉由爆款的打造來賺取高人氣並以此打造店鋪口碑的賣家要格外注意這一點。

活動後期的相關維護也要十分注意，賣家可以適當地制定出相應的活動規則。例如，適時地回饋老顧客、向買家發送節日的祝福和問候、提供一些寶貝的資訊等，讓買家不管是從在活動時購買寶貝得到的相關優惠，還是在活動完成後感受到的賣家情誼，都會認定這一家是不錯的店鋪。

在爆款打造活動後，賣家同樣也能夠穩定到一批固定的買家。除了制定活動後期規則之外，對於爆款寶貝自身來說，也需要一定的規則來確保買家看到的爆款活動有能夠吸引他的價格變化。這就需要賣家在活動結束之後調整好價格方面的變化，讓買家更加信服活動的真實性和有效性，同時也能從寶貝交易詳情中的價格趨勢走向中查看到價格的變化，如圖 10-12 所示。活動前後的價格變化能夠體現出寶貝的價值所在。

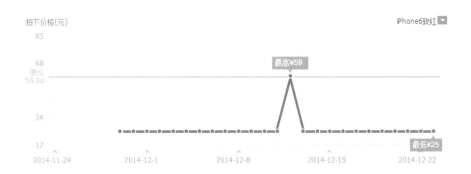

圖 10-12　寶貝價格浮動

當對價格完成調整後，為了使爆款的活動能夠進一步持續下去，賣家可以衍生出其他可以進一步帶動寶貝爆款打造的對策，讓買家在寶貝出售的每一個階段都能夠享受到一定的優惠，賣家也能夠長期有效地保證爆款寶貝的銷量和店鋪中的人氣。

▌活動方案

淘寶爆款不是隨隨便便就能夠被打造出來的。在淘寶爆款的打造中，也不是透過隨意的價格制定或者是文字圖片的展示，就能夠將這件寶貝成功打造成為爆款的，而是藉由在對所要打造為爆款的寶貝進行一定的瞭解和調查，透過詳盡的計畫書將爆款打造活動的具體實施辦法和步驟等以一定形式呈現，並透過賣家徹底執行而得到的。因此，爆款打造的活動方案是十分有必要的，讓方案先行，得到完美的爆款打造。

在爆款打造的活動方案中，一般來講分為六大步驟，如圖 10-13 所示。從爆款打造開始，賣家就要全身心投入其中，並且在接下來的每一個步驟中進行詳盡的操作，將店鋪中的活動有效地運用在爆款寶貝以及其他寶貝的操作上，從爆款向爆店飛躍。

圖 10-13　爆款方案六大步驟

1. 知己知彼，百戰不殆

在淘寶的激烈競爭中，要想使自己的店鋪和所銷售的寶貝拔得頭籌，那麼除了瞭解自身的優勢和需改進的地方之外，也要從整個淘寶市場著手，分別從競爭對手、消費者更多的需求以及寶貝進貨的管道上等進行詳細的查看，從活動打造的開始就要做到知己知彼，方能百戰不殆。而在活

動打造初期，需要店鋪的管理人員藉由對數據進行分析來獲取更加直觀和有效的參考。

在選擇數據參考工具的使用時，最常用和最廣泛的選擇是數據魔方，但它的使用條件是店鋪需達到一顆鑽以上，因此星級賣家可以使用其兄弟工具「淘寶指數」。

例如，以冬季熱銷的暖寶寶產品為例：一家店鋪想讓銷售中的暖寶寶在銷售量以及人氣上都佔據淘寶主銷的地位，形成熱銷的爆款，首先要在眾多暖寶寶中尋找到市場中最受買家喜愛的暖寶寶產品，從源頭上確保銷量。

圖 10-14 所示為淘寶指數中暖寶寶在同類目寶貝中的搜索分布，從中可以清楚地看到，占全網搜索量最大的暖寶寶是保暖貼，占百分比中的九成，而其他暖寶寶產品的搜索率則普遍較低，因此在大市場中進行寶貝的具體選款上時，就可以選擇能夠被淘寶中絕大部分顧客搜索和瀏覽的寶貝，即在暖寶寶的類目上選擇保暖貼。

圖 10-14　暖寶寶類目分布

查看和選擇完寶貝的占有率之後，進行分析保暖貼具體品牌等的銷量排行以及價格分布，如圖 10-15 所示，從中吸取不同品牌中對商品自身做得較好的地方來打造自己銷售的保暖貼的詳細設計，或者找到同品牌寶貝優質的供貨源進行銷售。同時，透過品牌排行，還能夠清楚地查看到寶貝的銷量以及均價顯示，讓賣家在爆款打造之前心中有數。在能夠對全網進行有效檢測的數據魔方中，檢測店鋪中所銷售的寶貝來源，從流量來源上進行自身店鋪的丈量和定向。

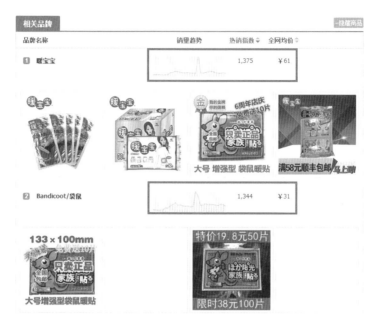

圖 10-15　保暖貼品牌銷量排行

　　尋找到所需打造的主要爆款之後，在此頁面上搜索到同段時期之內其他相關類目的寶貝在全網搜索中所占的百分比，如圖 10-16 所示，則可以將這些和爆款寶貝有一定關聯的商品納入陪襯促銷中，在豐富店鋪銷售商品內容的同時，進一步增加店鋪的寶貝銷售量。

其他类目分布
护膝/护腰...	0.02%	连身衣/爬...	0.01%	其他闲置	0.01%	童装/亲子...	0.01%
膏药贴	0.02%	USB暖手...	0.01%	棉袄/棉服	0.01%	口罩	0.01%
连衣裙	0.01%	家居拖鞋/...	0.01%	其他居家物...	0.01%	服饰配件/...	0.01%

圖 10-16　其他類目分布

2. 選款

　　在調查了整個寶貝市場的數據圖表等之後，相信更多的賣家都已經對所經營的寶貝類目有了大致的瞭解和目標。在進行爆款打造方案的第二

步，就是要進行主推寶貝的選擇。通常，一家經營數量較多的寶貝的店鋪總會將其銷量最好的寶貝挑選出來作為鎮店之寶。

在爆款打造的活動中，為了使店鋪銷售更具目標性，也使買家購物更具目標性，同樣需要在所銷售的寶貝中找到最能賣、最受買家關注和喜愛的寶貝作為主推爆款的雛形。對爆款寶貝的挑選，需要賣家藉由數據的評測進行最終的選擇。在打造爆款之前，商品自身的品質以及買家的需求程度是贏得數據進入的關鍵。在這一環節中，賣家可以透過寶貝的轉化率、跳失率以及評價來進行探討。

專業的數據統計、測評軟體會將所統計的數據藉由各種形式讓賣家更能清楚地查看到。圖 10-17 所示是透過將寶貝的跳失率轉化為氣泡的形式呈現在統計圖上。氣泡統計圖對應的一共有四件寶貝，縱向和橫向的數據指標分別對應下單率和 UV 量（頁面點擊量和瀏覽量）。一件優質的寶貝要求具有較高的瀏覽量，同時兼具較高的下單率。然而從跳失率的角度，要求挑選出一款最適合進行爆款活動推廣的寶貝，則需要這件寶貝的 UV 量和下單率成正相關的關係。圖中將這樣的關係藉由氣泡大小的形式表現出來，因此賣家就應選擇兩大因素共同影響下形成氣泡小的寶貝作為爆款。

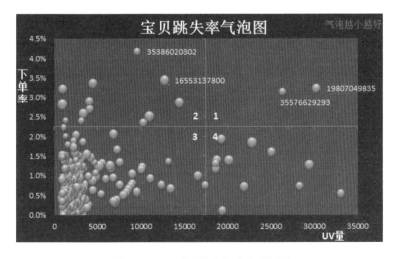

圖 10-17　寶貝跳失率氣泡圖

除了寶貝背後所呈現的數據上的統計之外，還可以透過對不同寶貝的買家收藏量以及評價數進行取捨。一般而言，收藏量越多，說明受買家喜愛的程度越高，而能夠轉化為下單率的可能性就很高。寶貝評價不僅受到了買家的關注，在打造爆款的時候也是賣家進行寶貝參考的一個很重要的環節。對於一些能夠在後期成功成為爆款的寶貝來說，賣家可以藉由人為地增加寶貝的評價，讓購買的買家能夠對寶貝更加放心地購買。

3. 寶貝預熱

在整個活動方案中，寶貝的預熱是進行爆款打造活動的開端。這一步靠的不僅是賣家的銷售經驗，同時也要依據有效的數據分析，為寶貝打開一條優質的銷售之路。在這個時期中，很重要的一點就是要準確地抓住爆款寶貝活動中的推廣時間，讓寶貝銷售更占先機。特別是針對服飾類的爆款，更需要在預熱時抓住時機，宜早不宜晚。例如，賣家想要打造冬季抗寒的棉服，並且要保證在買家最需要的時候能夠出現在絕大多數買家的眼前，那就需要在秋季甚至是夏季時就開始逐步在淘寶全網中進行寶貝的推廣預熱。

圖 10-18 所示為棉服自 7 月到 12 月的搜索指數曲線圖，從中可以明顯地查看到其呈現穩步上升的趨勢，並在 11 月達到一個搜索高峰的峰值。那麼想要在這樣一個搜索爆棚的時間段內進行爆款活動，其前期預熱一定不可太晚，若這個峰值的時間過去了才開始打造爆款活動，那麼在少了大多數人氣的情況下，該活動還能夠取得怎樣的回報呢？

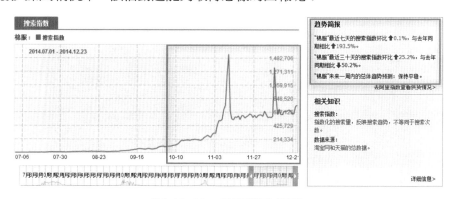

圖 10-18　棉服搜索指數

4. 小爆款優化

當寶貝正在或已經取得了一定的市場占有率之後，為了進一步擴大寶貝的銷售，同時拉動店鋪內更多寶貝的銷售，使爆款打造的活動能夠在全店覆蓋，需要對爆款寶貝做得不完善的地方或者是還沒有更好地兼顧融合的方面進行適當的優化，讓爆款寶貝真正成為店鋪內的鎮店之寶，為賣家帶來更高的利益。

(1)流量不夠

初為爆款的寶貝能夠得到一定的銷售量，但是也受較少的流量的局限，因此將寶貝引入更多的流量是確保其擁有較高銷量的首要保障。對於這樣的「量無法提供銷量」的初級爆款所存在的問題，賣家首先要從寶貝標題中的關鍵字入手進行優化，讓優化之後的寶貝標題在關鍵字的帶動之下曝光在更多買家眼前。除了對寶貝名稱中的關鍵字進行優化外，賣家在這個階段和這個環節還要求不惜代價在各種宣傳平臺上宣傳，讓更多淘寶買家或是其他平臺的瀏覽者都能夠發現爆款，並打開相應的淘寶連結進行查看，以不同的方式提升寶貝的流量。

(2)轉化率低

轉化率低，說明寶貝對於買家還沒有形成足夠大的吸引力，這種吸引力可以是來自寶貝的定價，可以是寶貝的用途，也可以是來自賣家對寶貝的各種詳情介紹等，讓買家在瀏覽寶貝之後喪失對其購買的欲望。因此，賣家在打造爆款時應盡可能使這件寶貝吸引買家的注意，並引發其購買欲望。

圖 10-19 所示是一家雙皇冠店鋪在迎合耶誕節的到來時，在店鋪活動中特別推出了福袋的活動，而活動的內容是購買其指定的寶貝就能免費換福袋。這種方式在一定程度上能夠有效地帶動指定爆款的銷售，並且成功地激起一些對寶貝可買可不買又想要獲得福袋的買家的購買欲望。除此之外，能夠激發買家購買欲望的，就是透過最直觀的價格戰來獲得勝利。在淘寶中往往價格相差一點，就能夠獲得比其他店鋪中更高的人流量，而在

這較多的人流量中，可大大增加寶貝的轉化率。當然，將店鋪中的各類服務品質進行提升，也能夠讓買家感受到店鋪的歸屬感，從而提升寶貝的轉化率。

圖 10-19　節日活動

(3)搜索指數低

　　搜索指數低的關鍵原因還是在於關鍵字設置上不具備高針對性及高曝光度，讓買家沒有辦法做到從自然搜索中順利將其搜索出來，或者是寶貝在搜尋網頁面的排名較為靠後。因此在爆款打造中，賣家應該熟悉淘寶系統中的七天上下架原理，將寶貝搜尋網頁面的排名儘量靠前，同時將關鍵字優化成為當前熱門搜索，以加大寶貝的曝光力度。在設定搜索詞時，賣家可以根據當下熱門搜索來進行設定，藉著熱門微博搜索、熱門電視劇搜索等形式來檢測近段時間人們的關注點，有效地提升寶貝的搜索指數。

　　圖 10-20 所示是透過搜索「同款口紅」得到的寶貝搜尋網頁面。從中可以看到這些搜索人數高達上千、上萬的寶貝名稱中都包含有「千頌伊」、「來自星星的你」、「想你」、「尹恩惠」等字樣，這些字樣都出自近年來較為成功和出名的韓劇，其中較為出名的彩妝也受到了女性買家欣賞。因此在所銷售的這些口紅中設置這樣的關鍵字，首先能夠加大買家對其的搜索指數，同時藉著熱門字、詞的設置來增加買家購買欲望，讓買家能夠因寶貝為自己帶來的劇中效果產生期待感，提高寶貝的下單率。

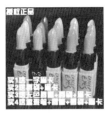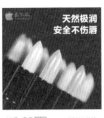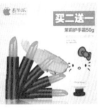

圖 10-20　寶貝搜索

5. 推廣

在淘寶中經營各式各樣寶貝的店鋪呈現著猛烈上漲的趨勢，每一天淘寶平臺上都會有數以萬計的新店鋪開張，想藉由自然的方式將寶貝打造成為爆款已經很難成功了，因此，在爆款打造的活動中增添付費的推廣十分必要。透過推廣將想要打造成為爆款的寶貝的點擊率和收藏量等進行培養，並幫助活動的營運方案快速地吸收來自各個地方的流量，讓寶貝獲得更高的銷量。但在進行推廣的時候，切忌一味地以這樣的推廣手法而忽略爆款寶貝自身，此階段要將對其的推廣結合與寶貝活動打造中的自然推廣進行結合。

6. 引爆全店

任何事物都是不斷發展演變過來的，有發展之初的「瓶頸」，也有成熟期的火爆，也會有衰退期的落寞。因此在店鋪對某一件寶貝進行爆款的打造時，也要利用這樣一個能夠集中來自各個領域的力量，對全店進行設置活動的機遇，更加合理地運用爆款產生的銷售和人氣魔力，將店鋪中的其他寶貝進行人氣和銷量上的帶動，讓這些寶貝為爆款寶貝達到陪襯作用，讓店鋪獲得更多的獲利，也為這件爆款在將來的衰退期中尋找到一件能夠代替甚至超越它的預備款寶貝，使店鋪中的銷售領頭爆款不會因為時期的改變而受到較大的影響，同時能夠在帶動其他寶貝的相對銷售之外將店鋪打造成為爆款店鋪。

學習優秀爆款模式

在爆款的打造中，一些寶貝會遇到「瓶頸」而無法繼續進行下一步打造，但另外一些被打造的爆款寶貝，卻能夠經過系統原則的打造出現在淘寶平臺各類目的寶貝之中，成為眾多爆款打造的學習榜樣。

縱觀全網重點的爆款寶貝，藉由淘寶指數與爆款的定向搜索，可以看到爆款寶貝所針對的人群更多的是年輕女性買家，如圖 10-21 所示。因此從消費者群體來考慮，絕大部分的爆款打造賣家更願意將爆款寶貝確定為與女性有關聯的寶貝。本節將以和女性有關的爆款寶貝作為案例進行介紹。

所有的爆款都是被有「心機」地打造出來的，下面介紹的手膜的優秀爆款也是從一點點的打造中成就出來的。圖 10-22 所示為淘寶首頁的鑽展廣告，我們可以看到其中比較醒目的位置就是此款手膜的直通車廣告。

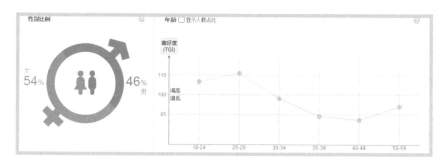

圖 10-21　爆款客群定位

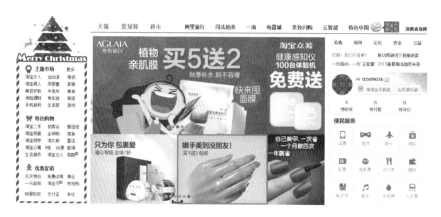

圖 10-22　爆款首頁宣傳

首頁的直通車首圖讓買家能夠清晰明瞭地感受到所銷售寶貝的具體功能，也就能有效地增加對這類寶貝有需求的買家對它進行購買，為店鋪和寶貝引入更多的流量。

　　當買家被首頁宣傳廣告吸引，並點進寶貝的詳情頁面或者是店鋪首頁後，顯示在買家面前的便是能夠振奮買家的寶貝銷量以及更多的優惠。圖10-23所示是這家爆款打造的活動中所選擇的方式，讓買家在第一眼就能強烈地感受到這件寶貝的熱銷及實惠，也正是因為如此，才有足夠的魅力讓買家能夠繼續瀏覽接下來的頁面。想要打造爆款寶貝的賣家可以學習和採用這樣的方式，透過將寶貝的人氣以及優惠進行最先的展示並將顧客留住，是能夠成功贏得轉化率的要訣。

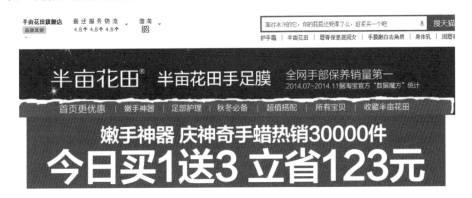

圖 10-23　寶貝首頁宣傳

　　在爆款的活動打造中，為了凸顯這件寶貝，應儘量在店鋪的首頁全面地展示這件寶貝，而這家店鋪中的爆款打造，正是以在首頁全方位展示這件寶貝的方式進行的，同時在頁面顏色的搭配上以深色底色，並且將寶貝的顏色調得稍淺，一方面能夠使頁面所蘊含的設計感更加鮮明突出，另一方面也能夠使寶貝更加醒目，讓買家即使在隨意的瀏覽中也能夠對寶貝留下深刻印象。

　　為了進一步讓買家在經營的店鋪和寶貝中找到銷售中的歸屬感，往往可以藉由共鳴進一步留住買家。圖10-24所示是這家店鋪打造的手膜爆款中在介紹其具體的功效和作用之前，首先對能夠繼續瀏覽的買家提供的為什

麼需要使用該寶貝的不同情況進行的圖片展示，從這樣的反問中能夠有效地讓買家看看自己的雙手並對比有沒有需要使用該寶貝的必要。能夠有效瀏覽頁面到這種程度的買家通常都有一定的手部肌膚問題。因此，賣家便進一步地抓住了買家購買的欲望。也正是透過這樣的反問，從另一個側面向買家展現了這款手膜的具體功效，比起正面向買家闡釋具有更好的推廣效果。

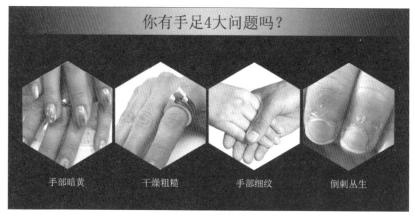

圖 10-24　寶貝功效展示

　　當賣家以反問的形式，將想要打造的爆款寶貝的功效進行展示和說明時，會讓買家對自己的手部進行對比並找到所存在的相同問題，要求賣家一步一步由淺及深地在頁面中慢慢地展現出寶貝的各種問題，並呈現如何解決問題的對應辦法，有邏輯的讓買家知道。

　　圖 10-25 所示是緊接在其後的寶貝具體使用方法，從這個標題可以清楚地看到「一撕一揉一養」。其中「撕」是指所打造的主推寶貝，藉由使用到手部，待產品乾了之後，從手上撕落下來，而達到皮膚保養的作用。這個標題中的另外一個關鍵字「揉」則是賣家以搭配的功效作為寶貝的主要賣點，將經過手膜處理後的營養成分補給的手霜作為此頁面的第二個重點推薦，為買家營造了一個更加完整的寶貝銷售體系，不僅為產品的功效和店鋪的銷量作出了第二保障，同時也將手霜的推廣作為全店熱賣爆款的候選，並在一定時期的銷售比較中權衡兩種商品推廣的價值。

在完成了其他產品的介紹和推薦之後，為了加強買家的購買欲望，在頁面繼續往下拉的地方，透過較大的篇幅宣傳寶貝的優勢，從寶貝原材料的產地、提煉精準度以及對手部的強大修護功效等，以圖文相配的形式醒目地呈現在買家眼前。

圖 10-26 所示是賣家透過在頁面中的大篇幅介紹寶貝優勢，在能夠充分強調和展現寶貝的環境敘述上強制性地吸引買家的目光。這一點也是想要打造爆款的賣家需要注意的，不要吝惜任何一個能夠放大寶貝優點和特長的頁面位置，讓買家不僅能夠對其有著十分深刻的印象，也能夠透過詳盡的敘述讓買家產生「非這家不可，其他家的都懶得看」的購物想法，才能夠真正保障銷售的轉化率以及成交量。

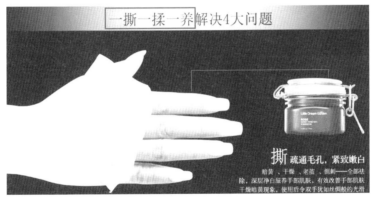

圖 10-25　寶貝使用方式

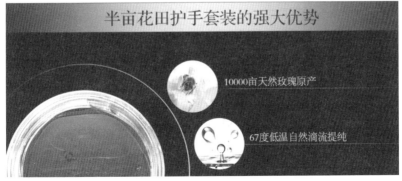

圖 10-26　寶貝的優勢

以上是寶貝主頁面上對寶貝的具體詳盡介紹，讓買家不用點擊進入寶貝的詳情頁面就能夠以高大上的視覺感受詳細地發現寶貝、瞭解寶貝，並且，這時就能夠讓本身對寶貝感興趣的買家更加感興趣，同時也能夠過濾掉對這件商品可買可不買的買家，留下高購買機率的買家，也讓賣家省了很多難以增長寶貝銷量的問題困擾。在詳細地介紹完優秀爆款在打造活動中的第一步推廣之後，就要從寶貝自身的詳情頁上進行進一步的爆款經典模式的打造。

在詳情頁面對想要打造成為爆款進行高吸引度的並且能夠最終將瀏覽頁面的點擊率轉化成為下單率的打造模式，和寶貝推廣的頁面一樣要擁有賣點。對於詳情頁面上的設置，首先能夠映入買家眼簾的就是寶貝的主圖搭配以及價格等重要購買要素。圖 10-27 所示是手膜的詳情頁的購買處。圖中不光有紅底白字十分引人注目的贈品優惠，寶貝在價格上也從原價一百八十二元進行了促銷優惠，讓買家的購物心理愈發蠢蠢欲動。

這便是爆款活動能夠為買家帶來的魅力之所在，讓買家能夠買到更便宜的寶貝。與此同時，一般情況下，賣家都會將寶貝的郵費設置成為包郵，這同樣能夠形成一種促銷的方式。要想減少買家購買時猶豫的心理活動，郵費是一個至關重要的因素，千萬不要忽略它對銷售量的影響。

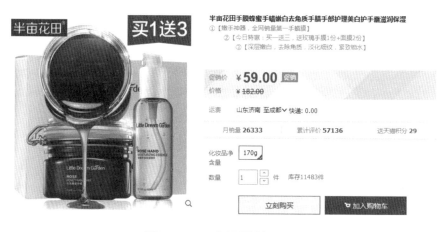

圖 10-27　寶貝詳情頁面

以上的步驟，基本上做到了讓買家瞭解寶貝，同時熟悉寶貝的促銷，已經達到了讓有消費意向的買家能夠進行購買。在接下來的詳情頁設置中，可以進行介紹寶貝的相關資訊，進一步強化買家對寶貝的印象和瞭解。除了將這些信息安排在此處外，將來自買家的中肯評價也放置在此處，能大大地影響買家的心理。可以這樣說，當買家看到寶貝的評價十有八九都是較為滿意的，那麼，基本上就能夠完全的保證這位買家的這筆訂單了。

因此，要想打造爆款，賣家不管採取何種方式，都要確保寶貝的良好評價。圖 10-28 所示是在詳情頁面下方設置的買家評價頁面，這些評價都是站在一個消費者的角度來闡述該件寶貝的好用，比起賣家自以為是的自誇行為更具有說服力。

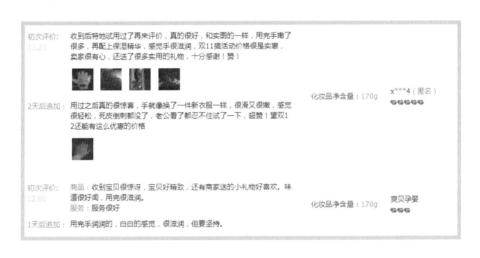

圖 10-28　寶貝評價

從上述的優秀爆款模式分析可以看到其中一種爆款在淘寶上具體的打造方式，是最能夠讓其他想要或者正在打造的賣家學習的。當然，最終要想成功打造爆款，遠遠不能只靠以上綿薄的分析，更需要依靠賣家在打造過程中以具體數據作為參考，並加以理性分析和強有力的執行力去不斷深化，加上賣家對銷售市場的洞察力，及人、物不同方面的配合等去共同努力去打造的。

高寶書版集團
gobooks.com.tw

RI 305
淘寶爆款操作聖經：
選品、上架、優化、維護，三週打造熱門商品，創造超人氣交易量與免費流量

作　　者　老A電商學院主編；吳元軾編著
編　　輯　洪春峰
排　　版　趙小芳
封面設計　林政嘉
企　　畫　陳俞佐

發 行 人　朱凱蕾
出　　版　英屬維京群島商高寶國際有限公司台灣分公司
　　　　　Global Group Holdings, Ltd.
地　　址　台北市內湖區洲子街88號3樓
網　　址　gobooks.com.tw
電　　話　（02）27992788
電　　郵　readers@gobooks.com.tw（讀者服務部）
　　　　　pr@gobooks.com.tw（公關諮詢部）
傳　　真　出版部（02）27990909　行銷部（02）27993088
郵政劃撥　19394552
戶　　名　英屬維京群島商高寶國際有限公司台灣分公司
發　　行　希代多媒體書版股份有限公司/Printed in Taiwan
初版日期　2016年5月

國家圖書館出版品預行編目（CIP）資料

淘寶爆款操作聖經：選品、上架、優化、維護，三週打造熱門商品，創造超人氣交易量與免費流量/ 老A電商學院主編；吳元軾編著. -- 初版. -- 臺北市：高寶國際出版：希代多媒體發行，2016.05
　　面；　　公分.--（致富館；RI 305）
　ISBN 978-986-361-274-2（平裝）

1.電子商店　2.電子商務

498.96　　　　　　　　　　　　　105003574